站在巨人的肩上

Standing on Shoulders of Giants

iTuring.cn

站在巨人的肩上

Standing on Shoulders of Giants

iTuring.cn

TURING 图灵交互设计丛书

设计与沟通

好设计师这样让想法落地

Communicating the UX Vision
13 Anti-Patterns That Block Good Ideas

[德] 马丁娜·霍奇斯-舍尔
[爱尔兰] 詹姆斯·奥布赖恩 著
杜春晓 译

人民邮电出版社
北京

图书在版编目（C I P）数据

设计与沟通 ：好设计师这样让想法落地 / （德）马丁娜・霍奇斯-舍尔，（爱尔兰）詹姆斯・奥布赖恩著 ；杜春晓译. -- 北京 ：人民邮电出版社，2018.11
（图灵交互设计丛书）
ISBN 978-7-115-49718-5

Ⅰ. ①设… Ⅱ. ①马… ②詹… ③杜… Ⅲ. ①产品设计 Ⅳ. ①TB472

中国版本图书馆CIP数据核字(2018)第236821号

内 容 提 要

任何一款产品在问世前都要经过反复的讨论验证，在这个过程中，产品的设计人员如何把握沟通技巧也是一门学问。本书针对 UI 设计师最常遇到的 13 个人际关系 / 合作关系问题，给出了具体的分析和应对方法，简洁、实用，是一本帮助设计师高效实现设计目的的指导手册。

本书适合用户体验工作的相关从业者阅读，产品经理、信息架构师、UI 设计师、用户体验研究员、用户体验架构师等均可从中获益。

◆ 著　　　[德] 马丁娜・霍奇斯-舍尔
　　　　　[爱尔兰] 詹姆斯・奥布赖恩
　译　　　杜春晓
　责任编辑　杨　琳
　责任印制　周昇亮

◆ 人民邮电出版社出版发行　　北京市丰台区成寿寺路11号
　邮编　100164　　电子邮件　315@ptpress.com.cn
　网址　http://www.ptpress.com.cn
　北京隆昌伟业印刷有限公司印刷

◆ 开本：700×1000　1/16
　印张：18.5
　字数：340千字　　　　2018年 11 月第 1 版
　印数：1 - 3 500册　　2018年 11 月北京第 1 次印刷

著作权合同登记号　图字：01-2015-8506号

定价：69.00元

读者服务热线：(010)51095186转600　印装质量热线：(010)81055316

反盗版热线：(010)81055315

广告经营许可证：京东工商广登字 20170147 号

版权声明

Elsevier(Singapore) Pte Ltd.
3 Killiney Road, #08-01 Winsland House I, Singapore 239519
Tel: (65) 6349-0200; Fax: (65) 6733-1817

Communicating the UX Vision: 13 Anti-Patterns That Block Good Ideas, 1st edition
Martina Hodges-Schell, James O'Brien

ISBN-13: 9780124201972

This translation of *Communicating the UX Vision: 13 Anti-Patterns That Block Good Ideas*, 1st edition by Martina Hodges-Schell and James O'Brien was undertaken by Posts & Telecom Press and is published by arrangement with Elsevier (Singapore) Pte Ltd.

Communicating the UX Vision: 13 Anti-Patterns That Block Good Ideas, 1st edition by Martina Hodges-Schell, James O'Brien 由人民邮电出版社进行翻译，并根据人民邮电出版社与爱思唯尔（新加坡）私人有限公司的协议约定出版。

《设计与沟通：好设计师这样让想法落地》（杜春晓译）
ISBN: 9787115497185

注　意

谨以此书献给 Ed 和我的父母。你们是我的灵感之源。

谨以此书献给 Melissa 以及我的妈妈和爸爸。

译 者 序

2010年秋，我经同学赵阳引荐，通过面试后，成为腾讯微博的一名实习生。从此我便步入了互联网行业，迄今已有6个年头。中间除去忙论文的大半年以及换工作的间隙，我作为一名小兵坚守在岗位上，先后从事运营、开发和产品工作，见证了腾讯微博奋起追赶新浪微博的历程。结果早已见分晓，如今人们提起“微博”两个字，默认指的就是新浪微博。腾讯在微博上败北有诸多原因，时间是一个重要因素：腾讯微博的面世晚了对手整整8个月！在恨不得以毫秒、微秒计算时间的互联网行业，8个月是多么漫长！我眼见得一批批人招进来，又眼见得他们分流、转岗。商场中没有硝烟的战争很快就落下帷幕，留给后人无尽的感叹。既然这个行业对时间的要求如此之高，除了希冀具备预言家的能力外，怎样做才能有效缩短产品研发过程呢？答案就是进行有效的沟通。

本书侧重讲解用户体验工作中的各种沟通方法，产品经理、信息架构师、UI设计师、用户体验研究员、用户体验架构师等岗位的从业人员均可从中获益。两位作者根据自己多年的用户体验从业经验，总结了做项目过程中反复遇到的各种“坑”。如何赢得同事、客户的信任和好感？如何将自己卓越的设计理念加入原型之中并顺利通过评审？如何尽早发现自身存在的问题并处理？如何识别他人的攻击先兆？如果真的遭遇质疑和攻击，如何判断是否要组织防御？如有必要，怎样辩护最有效？患有“强迫症”的完美主义者怎样打破思维误区？遇到吹毛求疵的干系人，自己又该怎么做？紧张的工作之余，怎样放松身心？这些问题都可以从本书中找到答案。本书所教授的纵横捭阖之术，分析细致入理，读之颇有《鬼谷子》一书的感觉。得此书，若能像苏秦读《阴符经》那样，仔细揣摩、加以应用，用户体验工作会顺畅不少。用这些方法理顺需求、原型和设计过程，搞好与领导、客户、开发人员的关系，就能有效地缩短产品研发过程。再加上运用书中介绍的敏捷、精益产品开发理念，我们就有信心赶在竞争对手之前推出产品，并通过快速迭代，使自己的产品比竞争对手的更接地气。

创新是生存法则。用户体验从业者不是引领行业就是被竞争对手“吃掉”。创新不是凭空得来的，若想跟得上时代步伐，学习是不二法宝。用户体验从业者大都没有系统地学习过沟通知识。记得当年腾讯有一门五星级沟通课程，可惜我无缘上过。我在其他公司工作时，也有沟通培训课，可见沟通的重要性。事实上，在参加面试的时候，尤其是产品岗位的面试，面试官很可能会问起平时的沟通时间占多少。他们会以此判断你处于哪个发展阶段。一天到晚闭门造车、忙着做原型的产品人员是难以把产品做好的。本书可弥补大家在沟通知识上的欠缺。若能认真学习、勤加实践，那么你距离卓越的境界应该不远了。到那时，你的作品，大家喜欢；做成产品，用户喜欢——你的工作、生活都会其乐融融！这正是作者最期望看到的。

从事产品工作这几年，我从一窍不通的菜鸟做起，一点点成长，多亏一路上各位老师、同事的帮助。他们是艾姐、Nina、Mini、Lemon、lpxin、Luke、李昭言、李彬、张少华、石婷、管建华、杨婷婷、付翔、郑媛媛、王禹、侯凯、桑园、都帮森和孙大凯。感谢路本福老师提供的产品培训机会，使我得以跳出固有模式，接受新的产品设计理念。感谢曾经共事过的同事：蔡波、蔡颖、韩旭、刘莉、李玲玲、马腾、秦敏、王海霞、刘国伟、王晶、辛欣、赵伟轩、张琳琳、张东梅、杨亭亭、孙越、汤浩、王丽华、王昊迪、高娜、丛超、陈健锁和王玫。正如作者所说，我曾拿他们一次又一次地实验我的“反模式”。我对此表示诚挚的歉意。

感谢作者 Martina Hodges-Schell 和 James O’Brien 为我们带来了这本实用的用户体验沟通宝典。我曾向 James 请教过问题，感谢他的及时解答。感谢图灵的朱巍编辑等诸位编校人员，本书的顺利出版离不开你们幕后的辛勤付出。感谢家人对我的理解和支持。

由于本人学识有限，且时间仓促，书中翻译错误、不当和疏漏之处在所难免，敬请读者批评指正。

杜春晓

序

在电影《超世纪谍杀案》结尾有这样经典的一幕，查尔顿·赫斯顿在发现食物系统的主要成分后，大叫了一声："是人!"每当人们即将告别一份工作时，总会在告别信中写道："我最想念的会是这里的人。"

卓越用户体验设计工作的核心是——你已经猜到了——人。对于用户体验项目而言，这里的"人"就是我们的顾客。作为他们的主要拥护者，我们在自己的机构、公司和团队中为其提供支持。我们研究他们。我们观察他们。我们了解他们的动机和需求。我们苦苦思索应该怎样帮助他们，确保我们的方案满足其需求。我们知道以怎样的方式与其交流。通常，我们还知道怎样在内部彼此交流。既然如此，那为什么在与其他领域的同事、领导、管理层和客户交谈时，我们无法让其信服呢？

过去10年间的技术变迁，使得我们与顾客之间的沟通更容易、更快捷、更深刻。从中捕获深刻的见解并传达给同事和客户，是创造令人愉悦的可用产品这一目标得以实现的核心，也是创建成功的合作性团队的核心。这些积极的跨职能团队由用户体验设计师、视觉设计师、内容策划师、软件工程师、产品经理、QA 工程师、市场营销人员等组成，能对已经获得的大量宝贵见解进行及时、合理的响应。这些团队的效率越高，组织对顾客多变需求的响应能力就越强。

用户体验设计师的位置得天独厚，能利用这种新的实际情况，摆脱设计过程和工具的限制，跨越用户和交互之间的鸿沟，为两者架起桥梁。

这种新机遇往往体现在引导作用上。在开展高效、有意义的团队讨论方面，用户体验设计师是最有资格发挥领导作用的人。我们懂得如何从各种资源获取输入，将其合成为有意义的内容，再反过头来展示给顾客以收集反馈意见。然而，我们在与自己的团队和干系人进行此类合作时却困难重重。

本书提到的多种策略将帮你持续积极地影响所在组织，教你如何把工作翻译为对方关心的语言。你将学到如何收集数据，选取指标。它们不仅能为你的设计过程带来更多信息，还能为你的设计决策提供令人信服的依据。

Martina 和 James 将宝贵的策略和见解汇集起来，确保用户体验处于这些敏捷、协作式团队的核心位置。有了这些诀窍，再加上其他领域同事的配合，我们就能在前进的道路上持续不断地设计出令人惊喜的产品。

Jeff Gothelf，《精益设计》[①]作者

2014 年 8 月于纽约

①《精益设计》已由人民邮电出版社图灵公司出版（ituring.cn/book/1939）。——编者注

前言

用户体验设计师和其他设计师是数字产品开发方面富有创意的主角。人们期望我们在努力追求伟大成果的过程中，能够把接受的专业训练和从业经验结合起来。但在大多数情况下，训练和经验的关注点都是设计的技术层面，从而使我们在其他重要职能方面表现欠佳：向开发人员和客户**解释**我们的工作。

若只关注设计师角色的技术方面，优秀的设计可能会因买方没能充分看到其价值，而难逃被拒的命运。更有甚者，这还可能严重损害业务方和设计师之间的关系。作者经历过最为严重的事件发生在 2001 年。当时 James 在一家创业公司担任 Web 设计师，而该公司在外面聘请了一家设计公司来做品牌和图像设计。设计公司之前熟悉的是印刷品设计，现在转向交易性网站设计，做起来很吃力，两家公司的关系也因此非常糟糕。可用性测试结果表明，最终产品若要明显跟设计稿相关但又不完全相同，那么备受设计师青睐的很多想法需要弱化或打破重来。

上线时，创业公司邀请设计公司评审其实现效果。前去进行评审的设计师见创业公司没有严格遵照他的设计理念，十分恼火，拒绝听取改动的缘由。后来，James 尝试解释为什么允许用户滚动屏幕非常重要，那个设计师挥手打断他："如果你是设计师，我就听你的。"

第二天，他们就解除了和这家设计公司的合作关系。

自 Web 发展之初，我们就为不同的组织创造了很多数字产品。如今，虽然像这样关系破裂的极端情况极其少见，但以"我们和他们"这种敌对态度对待设计的情况却很常见，把设计看作"我们的技能"与"非设计师的无知"之间的斗争。这种态度可能来自第三方、客户，甚至我们自己。很多用户体验设计师和其他设计师似乎相信，职位中不带"创意"一词的人无法判断创意作品的好坏（而且相信自己提交的作品都是完美无缺的）。我们自己有时也会为掉入该陷阱而深感内疚。请你相信，书中的很多教训都源自我们的亲身经历。

然而这些所谓的“非创意”人士仍在**创造**数字产品。他们确定规格，开发产品，最重要的是还在为我们的设计作品投钱。用篱笆将“创意”围起来，会将人们和他们有权参与的设计过程隔离开来。由此产生的工作环境是有害的，而且不只是对当前项目有害。人们若跟设计师有过一段不愉快的经历，就会把这段经历及其引发的工作之余的恐怖故事带入日后的项目。与他们共事的设计师很悲惨，不管作品好坏，这些设计师要做的第一件事总是证明自己参与的必要性。这种情况不仅束缚了创意，而且使双方关系进一步恶化。

我们也可以采取另外一种工作方式。这种方式有助于关注业务的人看到设计的真正价值，有助于我们放松控制，为持续合作建立基础，从而取得更好的结果。要实现这种工作方式，我们需要在职业生涯中克服自己发现的行为反模式——最起码是之前已经意识到的。

我们没有正式学过如何交流。幼年时期，我们在潜移默化的作用下学会如何讲话。上学后，老师教我们阅读和写作，但与此同时，社会交往方面则全靠我们自己勉强应付。这种学习如何跟他人讲话以及融入某种文化中去的基本方法，形成了日常交际所依赖的一套交流模式。就像大脑的其他很多方面一样，这些模式促使大脑对持续输入的大量信息的重要性做出判断，以此对这些信息进行过滤和处理。在很大程度上，试错过程巩固了这些模式，让我们广交朋友，开展日常活动，避免发生大的冲突。但是当我们作为生产者进入工作场所之后，会突然开始做之前从未严肃对待过的事情：一起构建。

在社交或学习背景下，某种模式可能适用于跟志同道合的人打交道；但若对方的观点、背景和我们不同，抑或其他未知因素致使他们态度偏激，那么跟他们打交道时使用同一种模式就不一定合适。若该模式未能起到预期效果，我们社交性的“猴子大脑”就会感受到压力，从而可能引发冲突。模式失效的一个例子是，在基本信仰遭到挑战时，就会引发抵触、争论和冲突。遇到这种情况的时候，我们通常使用更为负面的模式来应对。然而，由于模式根植于我们精神深处，这种情况要么导致认知失调（“Bob 无法理解我无懈可击的合理论证，因此 Bob 愚蠢/邪恶/憎恨创意”），要么导致我们在认识到原因的前提下仍然无法调整大脑以接受它。

在本书中，我们选取了每天都在影响项目的 13 个最常见的反模式，并为它们命名以便识别。对于每种反模式，我们还选取了一些可以用于替代的模式，以及大量指导帮助。我们希望本书成为创建积极工作关系的实用指南，希望你能从中理解我们竭力培养的“工作自我”（work self）是建立在幼时习得行为的基础之上。

我们不希望你认为，本书的建议意味着你得用“业务性”抹杀自己的个性。作为设计师，你的整个职业生涯都是围着交流转的：与顾客沟通产品定位，与用户沟通界面需求，与管理层沟通决策。

我们的建议想要达到的效果是，在每次沟通决策的时候，你都能够有效地传递你工作的价值，不让其因社交方面的过失而被湮没。此外，当你受困于他人的反模式时，我们的建议还会帮你识别它们，扭转交往局面。最终，我们希望给你一些工具，帮你创建一种以你和同事相互信任为基础的工作关系，一种真正让你的设计作品在实现过程中得到重视并且发光发亮的工作关系。

如果能建立起这种关系，你就无须攻读 MBA，无须身着笔挺的西装，也根本用不着故弄玄虚。你的同事既然知道如何发现伟大设计作品所蕴含的价值，也会懂得如何识别一名伟大的设计师。

关于作者

马丁娜·霍奇斯–舍尔（Martina Hodges-Schell）是一名位于伦敦的数字产品和服务设计师，专注于以用户为中心的设计、体验策略和定性设计研究。从 20 世纪 90 年代中期开始，她一直在为网站、台式机、电视和移动设备设计交互体验。她在实际工作中关注如何让团队成员对用户、业务、技术和设计有共同的认识，从而创建平衡团队。

Martina 非常着迷于人们一起工作的方式。她把不同领域之间的合作方法，以及采用“以用户为中心”思维方式支持创意和创新作为研究课题，在伦敦的中央圣马丁艺术与设计学院取得应用想像力文学硕士学位。

Martina 在 Seedcamp 和精益创业机器（Lean Startup Machine）培训企业家，并在伦敦大学伯贝克学院教授以用户为中心的设计。她帮助大大小小的公司树立更加以用户为中心的精益和敏捷设计技能，推动公司文化和组织方面的调整，以增强公司的协作能力和有效应对风险的能力。她曾经帮助分属不同行业的《财富》百强企业和创业公司开发出了新的产品和服务，或卓有成效地改善了其原有产品和服务。

她的客户包括亚马逊、eBay、微软、Yahoo! Mobile、O_2、沃达丰、艾派迪、巴克莱银行、劳埃德银行、Not on the Highstreet、EDF Energy，以及越来越多的创业公司。她曾经为精品用户体验咨询公司、创意公司、世界领先的网络公司和创业公司工作过，如 Flow Interactive、Method 和 Pivotal Labs。她还经历过与各种各样的团队和风格各异的干系人共事。

她是英国 UXPA 委员会成员，热衷于分享自己对用户体验的热情。她经常组织各种活动并做演讲，比如 IA Summit、交互、UXPA、敏捷和平衡团队活动等。

詹姆斯·奥布赖恩（James O'Brien）在过去 20 年间一直从事数字产品设计和研发工作，他在公司中充当的各种角色往往超出职位的限制。他担任过网络管理员、Web 设计师、Web 开发工程师、前端工程师和用户体验设计师，一直致力于把最佳的用户体验带给用户。

他 1999 年从英国布拉德福德大学毕业，获得了媒体技术和生产专业理学学士学位。第一次网络热潮期间，他曾为几家初创公司工作，通常职责很多，包括设计、开发、产品策略，还作为"温顺的极客"负责向管理层解释技术问题。

2002~2014 年，James 作为自由职业者为伦敦及其周边的设计公司、咨询机构和其他商业公司工作，客户有迪士尼、Channel 4、阿德曼动画、ThoughtWorks、Auto Trader 和英国皇家邮政等，这里就不一一列举了。他如今在英国最大的杂志出版商之一的 Immediate Media 担任首席用户体验架构师。

他不仅从事设计还参与实现，热衷于寻找新方法来提高大型团队的效率和工作热情。他对技术和设计两大阵营都有所涉猎，因此总是能够使用最合适的术语跟整个交付团队沟通。

自从 James 于 2006 年接触敏捷方法之后，便迅速理解了这种方法的优点，随即花费数年时间探究将其应用到实际项目中的复杂度。他因揭露关于敏捷方法的"巨大谎言"而声名远播，其中就指出了"不要预先做大量设计"这种理念的缺陷——要在实现软件之前就开始进行用户体验和其他设计。

James 常在伦敦和更远地方举办的活动上讲授用户体验、敏捷和人际交流等主题。他曾在 UXPA、UX Camp London、IA Summit、UX People、UCD London 和 Agile London 等会议或活动上做过演讲，并且喜欢指导新晋演讲嘉宾。

写作目的

2011 年，两位作者在分享职业生涯里的伤心事时，开始就人际交流中的反模式这个主题展开合作。Martina 当时所在的公司已理解用户体验和设计的不同之处，James 则在一家刚开始尝试敏捷方法的公司内部设计团队工作，正在为如何在快速推进但缺乏组织性的过程中展示用户体验的价值而大伤脑筋。在分享最近发生在我们身上的恐怖故事时，我们意识到相同类型的问题一次次突然出现。随着职业生涯越来越成熟，我们不断找到解决问题的新方法——同时也会跌入新陷阱。

我们感到遗憾的是，陷阱在设计和业务方存在冲突时很常见，大量设计和业务价值每天都在流失。我们两人在职业生涯中都一直在研究设计模式和软件模式，在 2011 年的一天终于恍然大悟，行为也存在模式——我们马上发现许多常见问题都是其相应的反模式在作怪。

我们热切希望看到伟大产品中所蕴含的伟大设计。设计和价值的流失让我们在哲学层面感到不安。我们决定在会议上共同讨论这个问题，以帮助用户体验设计师和其他设计师识别并解决自己和他人身上最常见、最具破坏性的反模式。我们在几次重要会议上做过该演讲，听众的参与热情很高，我们收到了很好的反馈，但是讨论的形式只能涵盖一小部分建议。我们意识到，如果采用篇幅更长的形式，就可以涵盖更多值得借鉴的经验，推广更多模式。

我们的希望是，如果能帮用户体验设计师和其他设计师更好地传达他们的贡献，那么不仅可以提升其工作效率和效果，还可以帮助他们展示设计和用户体验为业务带来的真正价值，以获得富于创意的恰当建议。如果我们取得成功，更多伟大的产品将成为现实。我们迫不及待想看看你的创造。

如何使用本书

你可从头至尾阅读本书。很多主题和模式互为基础，这种读法有助于你更好地从整体上理解。不过当你遇到棘手的人际交往情况，或者需要为同事和朋友提供专业化建议时，本书的编排还方便你直接阅读相关章节寻求答案。每一章的内容相对完整，集中探索一种反模式，并提供相应的模式以帮助你回归正轨。

在很多讲述反模式的章节里，我们加入了自己仰慕的合作者的事迹，作为案例进行研究。这将会帮助你认识到反模式（通常还有其解决方案）在真实场景中是怎样发挥作用的。它们还表明，我们都不是完美的交流者，无一例外。不管多么资深，我们依旧会跌入相同的陷阱。

在本书结尾，我们还会附上一些适用面较为宽泛的指南，帮助你在机构内部创立工作方法，布置工作空间，强化同事的创意，在同事之间达成共识、形成同理心。这将会帮你实践多种模式，理想情况下，还会让你的工作变得更加有趣、效率更高。

最重要的是，如果从本书读到过一种反模式之后，你发现自己表达的时候仍在采用它，也不要对自己求全责备。模式和反模式都是习惯，摈弃不良习惯、养成好习惯需要时间。不要指望自己在一夜之间完成蜕变。请把模式当成一种练习，不论何时开会或做展示，都要强化它。庆祝成功，从失败中学习。你也许在无意之中把自己历练为拥有丰富经验的、成功的设计交流专家。

谈谈职位

用户体验作为一个出现时间不长的学科，拥有大量不同的职位，描述了我们工作空间的部分或全部内容。从涵盖范围最广的说起，有**体验总监**、**用户体验架构师**和**用户体验咨询师**这类职位。稍微缩小范围，有**信息架构师**、**用户界面设计师**、**用户体验研究员**和**民族志研究员**等。仔细研究文氏图，你就会发现**图像设计师**、**数字设计师**、**业务分析师**和**产品经理**都跟用户体验存在交集。这么多职位！

所有这些角色都归在**用户体验**这个大帽子下面，每种角色都可以从本书中受益。为了尽可能将它们都囊括进来，我们用**用户体验设计师**（UXer）一词指代所有从事用户体验的人，而不管其具体职位是什么。当我们使用**设计**这个词时，指的是广义上的设计，包括从项目开始到交付的整个过程中的所有创意工作，而不仅仅是制作线框图或原型。

为何探讨反模式

如果你常跟软件开发人员打交道，也许会注意到他们经常讨论模式。这个概念来自建筑领域，用来为常见问题提供可靠的解决方案。例如，思考一下电影院。放映结束，大量观众都想同时离开，因此常用模式是建设多道楼梯，通向散布在影院外部的各个出口——每个人都从离他们最近的楼梯离开。比起只有一个出口，这样每个出口的人流量较小，人流移动速度也不至于很慢，从而避免因人群扎堆而产生潜在的危险。不论建筑师何时设计一座新影院，都可采用该模式并以此指导他们将要做出的其他决策。

在设计和软件开发方面，模式的作用完全相同。你可以从软件产品的某些功能中看到它们使用了模式，比如处理用户数据的数据库结构，登录/登出表单和流程，购物车和结算处理，信用卡数据的后台处理。所有这些问题从零做起实际上非常困难，但由于模式的存在，我们可以重用前人在开发这类产品时积累起来的经验。

模式的妙处在于它们与具体实现无关。一旦确定登录表单的正确模式，用 Ruby、PHP 或 Java 来实现都可以：规则相同，我可以使用自己的工具来实现它们。

什么是反模式呢？反模式指的是解决重复出现问题的明显方式，但遗憾的是其效果不佳，甚至具有破坏性。举个例子，一种安全方面的常见反模式跟“忘记密码”功能相关。如果我忘记密码，最简单的解决方法貌似显而易见，那就是给我发送一封包含密码的邮件。因为这个答案很明显，所以讨论产品时大家经常这么讲（偶尔也会这么实现）。然而，这就意味着密码要以可重新获取的形式存储在服务器上。如果服务器被攻破，就有泄露密码的风险。

该想法出现的频率，再加上出现时带来的危害，就构成了一种反模式。相信你很熟悉其相应的模式，那就是向用户发送一个链接，要求他们输入新密码，然后经过不可逆的散列运算将其保存到服务器。几乎所有需要处理忘记密码情况的网站都采用了这种做法（或类似的做法）。这个例子很好地展示了设计良好的模式怎样驱逐反模式。

那么，模式和反模式是怎样跟人际交流联系到一起的呢？交流模式是我们为特定类型的交互所采取的方式。例如，当你讲笑话时，就进入了一种特定类型的讲话模式——你说话带有节奏感并掌控好时机；你采用一种特别的声调，告诉听众你不是完全认真的；你跟他们有目光接触，面带微笑。你不是有意去做这些动作：你只是在讲笑话。做展示的情况就有所不同——你也许仍然是在跟相同的朋友或同事讨论，但这时进入的交互模式与简单的会话模式大为不同。开玩笑和做展示这两种模式通常都是非常正面的，但是只要有模式存在，就有出现反模式的可能。

当我们以惯常的方式应对某种情况，并认为它将会带来我们想要的结果时，交流的反模式就会出现。然而，它之所以成为一种反模式，是因为我们忽略了它给对方带来的影响，也许没有意识到交流正在因其受害。例如，想象你遇到了设计方面的纠纷。设计师为了尽力表现他在专业领域的经验，可能会说：“我做了 10 年设计，都是这么做的……”对于会议上的非设计人士，这样说可能会被理解为自大和对他们的不屑。他们也许会愈加奋力争取让你采纳他们的方案。更糟的是，这样的反模式还会将讨论引离正题，扼杀会议原本可能带来的生产力提升。

我们认为把自己的反模式作为批评对象是改善人际交流类型的好方法。正如软件设计模式与实现无关，交流的反模式**与表达无关**——也就是说，同一反模式的表现方式可以有很多不同。通过聚焦一种反模式，我们可以帮助你识别并消除多种不同的破坏性行为。

同时，反模式会让交流双方免于承担责任。反模式自然地萌生于善意和个人看法：如果有人受到伤害（相信我们，我们还没有见过不会受其伤害的人），也不能说是谁的错。反模式有助于你客观看待自己的行为，从而找到多种模式，以帮助你克服任何负面影响。

确定反模式还有助于你认真定位自己行为上的改变。这可不是要按照业务手册把你们的个性重塑成像在一个模子里印出来的。个性是创意不可或缺的一部分，你必须保有它！相反，我们希望帮助你在人际交往中变得更为成功和自信，从而将更多真正的个性和想法摆到桌面上来，更为有效地展现创意思维对于组织的重要性。

最后，你怎样才能知道自己是否处于一种特定的反模式之中？每章都有一节标题为"你已经在反模式之中了"的内容，其中列出了某个反模式的一些常见后果。如果其中任何一种听着耳熟，就请仔细阅读这一章，看看它讨论的主题能否让你想起一些熟悉的行为。本书最后还介绍了如何识别你应该掌握而我们没有讲到的其他反模式。

如何使用模式

对于每种反模式，我们都提供了几种模式，应该可以帮你用能带来积极结果的行为去替代反模式的负面行为。理想状况下，你应该能够识别何时将要或已经陷入反模式。只要仍有时间，你就可以切换到为这种场景选定的模式；如果还没选定，就现选一个供以后使用。

当然，说起来容易做起来难，但难点归结起来无外乎两个关键方面：意识到你处于反模式之中，以及立即调出对应的模式。每章的"你已经在反模式之中了"应该可以帮你识别反模式。为了帮助你调出模式，我们为每种模式各起了一个好记的名称。你可以把它们当作咒语来使用，当你需要扭转局面、快速选择模式时，可利用它们提醒你想表达的行为，辅助记忆；当你在为阻力重重的会议规划策略时，甚至可以把它们写下来。

只有实践才能发挥出模式的作用。练习次数越多，它们变为第二天性的可能性就越大。即便你尚未面临反模式带来的风险，也要尝试练习，将其看作为了“钓得大鱼”而进行的训练。

关于如何应用模式的更多建议，请参见第 14 章。

关于理解自己交流方式的重要性

反模式使得我们可以找到一种通用的方法来识别人际交往中的冲突，与此类似，我们所提供用以克服反模式的模式也是通用的。理解自己的交流方式很重要，这样才可以更好地运用这些模式，确保他人不会觉得你是在蹩脚地照本宣科。

“独具风格”实际上是指对自己足够自信，能够自如地采用自然的讲话和行为方式，并且能够以这种模式进行有效的交流。交流越自然，就有越多人相信你的话——我们一生都在跟广告打交道，这教会我们把自然的交流方式跟真诚和智慧联系在一起。

政治家一生中的大部分时间都花在理解自己的交流方式上。请思考一下竞选美国总统的奥巴马和罗姆尼在公众面前的发言听起来有什么不同。尽管他们的发言内容不同，使用的词语和节奏也不同，但是共同点在于他们都相信自己所讲的是真的，并且把自己的激情通过演讲表现出来。这些技巧或态度同时也是业务交流方式完美的构建模块。

拿作者举个例子，James 和 Martina 个性不同，但他们能以自己的方式使用相同的模式。James 性急、爱开玩笑，因此他像马戏团演出指挥那样使用模式——玩弄概念，获取支持。Martina 做事有条不紊，性格温和，因此她以大家乐于接受的形式使用这些模式——吸引人们参与讨论，达成共识。当然，这些模式都是大致的框架，他们能够根据具体情况采用最适合的方式。重要的是，他们都能领会模式的目标和内容，并自然地加以运用。

理解自己的交流方式在很大程度上是指理解它怎样把你呈现在他人面前。他们喜欢你交流方式的哪些方面，又不喜欢哪些方面？对自己的交流方式感到自信是指你能调动大家的积极情绪，让周围的人喜欢跟你交流。（如果他们不喜欢，你也不会在意。但是从这个角度来讲的话，这本书不会有太大帮助。）你可以根据自己的经历和对自己内心的审视来理解自己的交流方式，但更快的方法是借助外部观察者的帮助。问问你的朋友和同事自己什么地方做得好，什么地方做得不够好——如果你已经做了全面的评价，就要真正理解并采纳观察结果和建议。虽然这样做很有挑战性，但对个人成长非常重要，将其掌控在自己手中比起被别人掌控要好得多。

基础模式

在详细探讨各种真实的反模式之前，我们想让你记住这个永远适用的模式。

把人放在首位，其次才是需求

虽然我们倾向于认为业务就是一伙理智的人权衡利弊，得到有证据支持的合理决策，但是用户体验设计师尤其应该知道这其实是不对的。人们（包括我们在内）易于受到各种社会效应、认知偏差和隐形动机的影响，特别是将自己的社会期望带入业务交流。

如果你忘记自己是在跟人交谈，就有可能给自己带来各种麻烦。永远记得跟你争吵、合作或谈判的是有血有肉的人。你期望他们怎么对待你，就怎么对待他们。不管你对交谈内容感到高兴还是不高兴，都要尊重对方：跟他们进行目光接触，积极聆听，让他们把话说完，礼貌地组织回答。感觉自己得到尊重的人，其想法更易于受到影响。此外，他们还会反过来向你表示尊重。

相反，确保自己论述的**内容**紧紧围绕讨论中的任务需求。重新提及昔日的摩擦、受到的轻视或“不公正待遇”不可能让对方产生同理心或变得理智。若无同理心或理智，他们就更难接受你的论述。更佳做法是，把需求和结果联系起来，帮对方理解你采取当前立场的整个背景。

极端情况

本书在给出建议时通常假定你和同事在朝同一个方向努力。然而，在某些极端情况下，事实也许并非如此。也许存在办公室政治，只不过你没有意识到；也许别人在故意拖延你的工作或误导你。你也许会遇到这样的同事，他们无论如何都对你持有异议，决定不让你有好日子过（如果他们以这种方式歧视你，我们劝你向经理和人事部门寻求帮助）。也许有些人在公司中过于以自我为中心——将任何形式的交流都看作妨碍他们“真正”的工作。

如果使用我们介绍的模式无法与这些人交流，并不能说明是你用得不对。有些团队不可能或无法用这些模式来应对。你需要跟这些人尽可能多地一起工作，积极面对这些极端情况，保证过程的顺利推进，利用业务的内部结构确保他们没有欺负到你，并且不断尝试。不管接下来发生什么，真正与你交流的人会记得你的交流技巧创造的贡献。

反模式

写作本书时，我们从自己在工作中最常遇到的反模式中选取了 13 种。有一些直接与交谈相关，包括一对一或团队的展示和交流。其他一些模式指出看似令人满意的交流实则缺少互动，及其带来的预料之外的结果。

语言不通

领域特定语言在团队内部非常有价值，但若在跨部门沟通中使用，则可能会产生纠纷。同一个词对于两个人而言也许会有两种不同的意思，从而导致观点分歧或设置出乎意料的预期。此外，一个部门的某个重要术语对其他部门成员来说也许毫无意义，从而使与这个词相关的重要思考结果被忽视。

要求和需求若被误解，可能会将用户体验和设计引上歧途，代价惨重。如果在解释设计方面的问题时使用大量行话，会导致公司得出错误的结论或误解设计的价值。

KPI 不同

该反模式常常由外部强加给我们。公司为每个部门在其各自擅长的领域设定不同的目标，以衡量其工作，激发其积极性。但是当各部门组成跨职能团队来创建产品时，这样做可能导致专业人士不愿从全局出发考虑问题，而是认为全局观会妨碍他们达到明确的成功标准。每个人都有自己的内在动机，影响着他们对项目的看法，因此同事之间的看法可能会存在根本性冲突。

我们要想成功设计一款完整的产品，必须认识到理解和解决各种各样的 KPI（关键业绩指标）是我们的职责。若无此认识，可能会带来办公室政治问题，使用户体验和设计部门失去影响力。

不认可他人的目标

认识到公司其他部门的不同动机和目标仅仅是破解谜题的第一步。如果我们不学着真心认可它们——更重要的是，表现出我们真心认可它们——那么他们就会以怀疑的心态审视我们的设计方案，对我们做出的所有选择质疑到底。委员会将把关乎优先级和折中的苛刻设计决策强加给我们，从而限制我们在核心能力领域的发挥。

不提供背景

我们都爱抱怨反馈意见缺乏一致性——干系人每周的评论都与之前矛盾——但是干系人不能像我们一样频繁地接触我们所展示的作品。他们很难完美地回想起上周的作品，因此每周给出不同的回应也不足为奇。如果我们想得到更切合实际的反馈，就得提供能激发这种反馈的环境。

如果我们没有讲述成果背后的故事，那么所有观众只能针对作品表面泛泛地回应，反馈也就无法解决根本问题。若日后这些问题最终暴露出来，我们就面临大规模返工的风险。

不合群

我们总有些时候需要集中注意力，但是每天都戴着耳机遁迹于各种工具之中会让我们和团队之间产生隔阂。当别人把我们从自己的世界中拖出来时，若我们看上去无法接近或是怒气冲冲，那么善意的团队就会转而开始不再邀请我们参与决策，而是自行决断。仅仅关注自己眼前的工作，我们就会忘记大部分工作其实是收集背景信息、解释设计理念，而不是交付成果。

事实上，我们若把自己和团队以这种方式隔离开来，大家将很难拧成一股绳。如果团队中的其他人不信任我们，我们就很难把用户体验和设计的价值传递给他们。我们工作中不那么明显的方面（声音和语气、趣味性等）也将会淹没在对需求的高声争论之中。

设计语言不一致

一旦开始设计产品，你就需要在各种解释和评论中识别出关于功能和交互的不同说法。在讨论过程中，如果我们放任参与者自发确定各种名称，人们就会用自己起的名字来表示某一功能。这将会产生“传话游戏”的效果，对于同一样事物，每个人的叫法却不同。结果就是反馈意见混乱不堪，可能会导致需求被误解，比如将真正的问题晾在一边，转而去修复其他功能。

把交付成果扔过篱笆

当今软件交付所面临的时间压力往往很大，于是我们倾向于得到成果后快速交付出去，好接着忙下一件事。然而，交付成果无法网罗我们的所有思想。我们的规格说明写得越长、越详尽，对接人员就会面对越多信息，遗漏细节的风险也就越大。

开发人员接到这样厚厚的文档，会将设计看作死板、教条的。我们在作品中所做的假设若无法实现或需要返工，他们可能会产生挫折感。如果开发人员和我们之间没有交谈过，他们要么自己调整假设，证明自己的选择是合理的，要么暂停开发，等待变更需求经过多个环节再次发到他们手中。更严重的是，开发人员若经常遭受这种挫折，就会劝说大家接受一种新的流程，结果很可能导致设计从属于开发。

生活在交付成果之中

一种关于设计（尤其是用户体验设计）的天真看法是，设计只与创建交付成果相关，因此我们只有在创建最终文档时才有生产效率。令人奇怪的是，设计师和非设计师都可能持有这种观点。我们只有在制作线框图或设计稿，雕琢作品直至完美时，才能感到自己的生产力。然而，只要项目不是很小，项目范围调整都是不可避免的。如果过早往交付成果投入大量时间，那么需要改动时，就会面临风险。因为改动成本看上去很高，我们认为更有必要保护沉没成本，所以会反对而不是欢迎改动、改善设计作品。

如果无法确保交付成果组织合理，并且能够及时响应改动，我们就面临让改动成本掌控每项设计决策的风险。这跟让会计团队决定所有设计决策毫无差别，全无创意，但认知偏差会使我们看上去像是因为不愿打破重来而为设计辩护。

认为别人不懂设计

我们投入大量时间和精力去学习设计的艺术，但若不小心，就会使自己产生一种轻视非设计人士的态度，认为他们对设计一窍不通。这种自我的视角可能会使我们创作的设计作品只有同行才能理解——是伟大的艺术，而非面向普通顾客的产品。

我们若是忘记设计要为每个人服务，就会在自己领域的四周建起围墙，将干系人和顾客挡在墙外。于是，我们成为了完美主义的辩护者而不是真正问题的解决者。我们赋予自己轻视反馈的权力，而不是真正进行回应。然而，组织的其他人员会开始将设计看作一个主观性很强的领域，看不到它跟真实价值存在什么联系。

追求完美

我们很想看到自己的设计作品得到实现，但很容易忘记我们交给开发人员的作品充满假设。我们猜测哪些功能在技术上是可行的，哪些性能不错，哪些可以加入紧张的开发周期内。如果忘记这些都只是假设，那么等到测试产品时你将感到无比失望。

如果我们认识不到完美主义无法实现，那么需要采取折中方法解决问题时，我们就失去了灵活应对的能力。设计的优先级就会降低，落到其他更易于实现的目标后面。由于我们辛苦得来的工作成果无法体现到产品中，理想也随之破灭。

回应语气而非内容

在压力巨大的业务环境中，我们很容易将同事的语气误解为苛责或讽刺。若以同样的方式进行回应，则会加剧情绪反应，带来负面反馈效果。由于双方此时认为事关尊严，深挖战壕备战，根本无法达成一致意见。若双方将每次设计评审会都看作一场消耗战中的小规模战斗，工作氛围将变得十分有害。干系人会寻求政治手腕打破僵局，想方设法绕开他们视作障碍的设计过程。

我们无法控制自己的交流会引发别人怎样的情感，我们也不应该受人欺负，但我们能够保持冷静的头脑，小心注意最初对别人语气的理解是否正确。

辩护过激

就像有的客户要求所有文本必须使用粗体“以便看起来醒目”那样，若我们对每一处设计决策都要争论一番，干系人就无法分辨我们到底是拥有经过认真思考的设计决策，还是仅仅在坚持设计理念中不那么重要的方面。若他们没有建立起评定重要程度的机制，就会诉诸于“如果一切都具有高优先级，那么一切优先级都不高”的公理，放心地忽略掉我们关切的事情。

进一步来讲，花时间为设计决策辩护会降低设计过程的效率，浪费时间。考虑到交流成本非常高，干系人也就不愿参与反馈会议。若果真遇到问题，他们就会以下命令的方式强制推行决策，或着干脆绕过设计师。遇到极端情况时，出于生产效率的考虑，设计师还会被调岗。

辩护过弱

如果我们不知道辩护的时机和有效辩护的方式，从而让不完全懂用户的人掌控设计决策，就面临着让工作付之东流的风险。

选择争论并不意味着每次别人提出建议，我们都要让步。弄清楚我们的专业知识和经验在哪些地方最具价值，我们就可以精心组织辩护语言，来增进干系人对设计和业务价值之间关系的理解，此时便可选择进行辩护。

致　谢

感谢 Elsevier 出版集团极其敬业的编辑团队，尤其要感谢 Meg Dunkerley 和 Lindsay Lawrence，本书的问世离不开你们。

特别感谢与我们分享故事的所有贡献者：Aline Baeck、Chris Downs、Chris Nodder、Eli Toftøy-Andersen、Evgenia Grinblo、Jonathan Berger、Sarah B. Nelson、Richard Wand、Sophie Freiermuth 和 Jeff Gothelf。

非常感谢技术评审专家给予我们的反馈和耐心：Darci Dutcher、FJ van Wingerde、Linda Newman Lior、Richard Wand 和 Spencer Turner。

书中好玩的卡牌游戏是由 Chris Rain 设计的，下载说明请见结束语部分。我们非常感激他发挥图像设计技能为我们制作了如此美丽的一套卡牌。

我们还要感谢所有同意我们拍照的朋友和同事。感谢 Pivotal、Method、Immediate Media 和 Proximity London 理解我们写作本书期间对时间和场所的需求。

Martina 还想把谢意送给 Ed 以及她的父母和朋友。他们给予的灵感、关爱和支持使得这个项目最终实现。

James 想对 Melissa、他的父母以及伦敦的用户体验设计师们说一声谢谢，感谢他们的支持、安慰以及对书稿的初步检查工作。他还想向多年来作为其反模式“研究对象”的许多朋友道一声对不起。

NO

UNDER-
STANDING
ANY
TIME

richard tipping

FIRST SIX
WEEKS

目 录

第 1 章　语言不通

“跟他人共事很容易：弄清楚他们的想法，并确保他们理解你的想法。剩下的就不是什么大问题了。”

——Mike Monteiro，Mule Design 公司创始人，*Design Is a Job* 作者

想象这样一个场景：设计评审会陷入僵局。你已无数次解释过自己的立场，然而对方还是怒气冲冲。他们像看疯子一样对你怒目而视，让你不敢抬头。团队成员友好合作的日子早已成为过去。你叹了口气，想到用另一种方式来重述你关心的几点，对方突然由怒转喜，认为你**终于**理解了他们的想法。"等等，"你说，"我们刚才一直在就同一个问题争吵？"

这种令人极不愉快又耗费精力的场景十分常见。在两位作者的职业生涯中，常常见到项目进展因此而偏离正轨。要说明的一点是，不只是设计师常被人误解，任意两名参与者之间都很容易产生误会。如果你能够计算出大家在对共同立场的意外争吵上耗费了多少时间，就会惊恐地发现它会对项目产生巨大的影响。

招致误解的一个普遍原因在于，产品开发牵涉的各个学科都有自己的**业务行话**。行话由一套词汇和讲话方式构成，以各个领域从业者的母语为基础，轻微调整了一些词语和术语的意思，以满足表述某一特定学科概念的需要。有了行话，同一领域从业者可高效地在群体内部交流目标，还可以与同行业其他机构使用共同的语言进行交流。但对于业外人士而言，行话听起来可能像一连串术语、专门用语或普通词语的奇怪用法的组合。（想想市场营销人员谈论观看广告人数时是怎么使用"reach"来表示到达率的。）使用行话带来的后果就是，操着不同行话的两个群体在讨论目标时，会存在理解上的鸿沟。

在一些极端情况下，行话的不同可能会引发人们的反感（本章后面将给出一个真实的例子，介绍这种情况是如何发生的），而在大多数情况下，行话的不一致会导致各方对接下来要做的事有不同的预期。至少有一方就等着失望吧！

第一个也是最基础的反模式是，直接就其他团队所讲的内容展开讨论，而不去理解其**真实意义**。

误会的产生

即使从事相同的工作，我们使用的词汇也往往跟其他行业中同仁所使用的不同。假设有一名在咨询机构工作的用户体验策略师（UX strategist），正在构建面向顾客的门户；还有一名来自市场营销机构的用户体验策略师，正在为一个大型品牌客户筹备广告活动。前者讨论产品功能点的价值时，会强调**业务价值**——为了获得该功能所带来的回报，其实现成本是否值得投入。然而，后者可能会考虑**投资回报率**——为某功能投入费用之后，能否获得收益。仔细观察就会发现，两者其实是从不同的角度来考察同一衡量标准。

行话还会因项目所处阶段不同而异。在实现阶段，用户体验设计师要在线框图中留白，必须事先知道广告是横幅型、摩天大楼型、整页型还是 MPU 型。然而，之前用户体验策略师介绍产品设计概要时，都用“广告位”来表示。

更要命的是，相同或相似的术语对不同群体来说却有不同的意思，这种情况不易察觉。最经典的例子莫过于，对项目干系人来说“用户体验”指的是“用户界面设计”或仅仅是“可用性”，两者都相应地限制了用户体验的影响力范围。也可以看看“参与度”这个词。对用户体验设计师而言，它暗含的是一种关系的深度；而对市场营销人员来说，它可能仅仅是指用户参与了广告活动，并按要求完成了预定的动作。

回想一下你最近做过的项目，过程中是否存在可以用语义不一致来解释的争论或无休止的会谈？又是否存在因为对方用行话表述想法，所以你不予理会或感到无法理解的情况？

在这种反模式演变成显而易见的问题之前，你就应该意识到它的存在。这是因为行话解读过程中的错误起初难以察觉，但是日后会和其他因素结合起来成倍地放大。没能在第一轮反馈中理解双方存在的细微差别会带来很多麻烦，因为误解会让第二轮的大部分工作变得毫无意义，只是空耗时间和成本而已。倘若在第二轮也没能察觉，误解到第三轮依旧存在的话，除了需要增加解决问题的时间和成本之外，还会破坏项目干系人对你的信任和信心。此外，如果项目比较着急，你根本没有足够的时间去纠正所有问题。

若无共同的词汇，你就无法用恰当的术语消除干系人的疑虑，可能会提高在解释时使事情变得更糟的风险。你的解释越基础，就越容易犯想当然的错误——“用户知道怎么滚动”回答了关于页面滚动的问题，但是没能解决干系人真正关心的信息架构难题。鉴于一个项目通常涉及多个干系人，一个难题遂变为多个难题，于是你就被各种麻烦包围了。

痛苦的经历

James：该反模式的破坏力有多大？让我讲一个亲身经历的故事。当时我所在的团队正在研发一款面向公众的新产品，我们争分夺秒做出了演示版。团队为了支持即将到来的市场促销活动，推出了一个新功能。

“我们需要为页面添加跟踪标签。”市场营销代表在会议上说。

前端开发人员听到需求之后，一边低头在笔记本上写下需求，一边说：“嗯，小意思。”

对开发者而言，“**小意思**”具有积极的含义。它表明功能需求很简单，不需要写在卡片上、贴到墙上。对于会上的这类要求，在你回到工位之前，该功能已经安排开发的确认邮件就早已躺在你的收件箱中了。

但是对于负责市场的那位同事而言，“**小意思**”这种表述带有侮辱意味。它暗含该功能微不足道，不会优先处理的意思。更糟糕的是，开发人员在回答时没有目光接触，而且使用了模棱两可的说法“嗯”来表示肯定的意思。开发人员的答复可能表示“好的，我来实现这个功能”或者“我听到了你提出的这个需求”。他犯了一个典型错误：盯着功能需求说话，而没有考虑需求方感受。

市场营销人员被激怒了，对他大吼：“你可能觉得这没什么大不了的，但对我来说却很重要！”

听到同事的嗓门高了上去，开发人员才意识到他不知怎么冒犯了对方，于是尝试解释：“我今天就签入，下次drop就把这个功能上线。”对开发人员而言，这是对开发和上线该功能的郑重承诺：“我优先实现这个功能，今天就上线。”

然而市场营销人员不知道术语“签入”的意思是提交代码到版本控制系统，从而把功能加到下一个版本。她也不知道“drop”的意思是发版，还以为开发人员等有时间了再把功能“丢进去”。

双方都不愿进一步推进这个问题，于是将其搁置，但是互不信任的萌芽却已由此产生，并将长期影响双方关系。市场营销人员认为开发人员天真、靠不住，而开发人员则认为市场营销人员情绪不稳定、要求苛刻。

双方都是这种反模式的受害者。开发人员使用了领域特定语言，让非技术背景出身的市场营销人员误以为他的话具有否定内涵：原因就在于他的关注点是需求，而不是需求方。同样，市场营销人员没有证实自己是否正确理解了对方所说的话，甚至在听到自己不懂的术语时也没有追问。篱笆的任何一侧都有可能困住用户体验设计师。

行话可能会带来麻烦，但它其实是一柄双刃剑。作为专业人士，我们往往故意使用专业性更强的词语，以增强我们想法的合理性。例如，比起“杂乱无章的界面使用户注意不到很多内容”，“认知疲倦”这一表述更易于让项目干系人接受同一个想法。我们把因使用技术语言而赢得信任叫作“5 美元词语”（$5 word）效应。存在专业性很强的行话的另一个原因在于，各学科是围绕一组组核心想法形成的，交流这些想法所包含的核心概念需要行话。举个简单的例子，假如“线框图”这个词还没有创造出来，你真的愿意每天谈论一百次“用户界面低保真示意图”吗？再接着思考，把所有用户体验行话都用大白话来代替又会怎样呢？行话简化了团队内部的交流，因此同一组织的各个部门都受惠于行话带来的语言沟通效率上的提高。进一步来说，同一团队或学科的所有人都使用行话，就会形成强大的感情纽带。这将把他们凝结成一个集体，促进团队内的相互支持。

尽管上面讲了行话的许多积极效应，但是其实除了招致争论以外，使用行话还有其他消极效应。当一个团队过于习惯使用自己的行话时，就可能会失去与外部世界交流核心概念的能力。如果用在用户界面上，行话就有可能被用作标签或类别的名称，导致从没有听过这些术语的用户难以理解导航的含义和操作方法。此外，因为行话通常支撑着团队文化，所以界面中的行话也就表明，网站的导航模型和信息架构源自机构自身而不是用户的需求。

当然，用户体验和设计各有各的行话——它们可能是最复杂的，只有同行能听懂。设计是一门发展完善的学科，而用户体验相对比较年轻、朝气蓬勃。这就会带来一种很奇怪的情况，同一事物往往可以用多个术语来表述。例如，**草图**、**设计稿**、**线框图**、**视觉稿**和**静态图**的确切区别是什么呢？你可能清楚它们之间的区别，但是请想象第一次接触用户体验的项目干系人听到这些词是什么感受。在缺乏背景介绍的情况下，这种感觉就像是一组非常相似的词语在脑海里如旋风般纷飞，但这些图应该具有各不相同的重要功能，因为它们的名字并不一样。

这种反模式为我们挖了一个陷阱，因为我们从职业生涯中学到，带有权威的话语可以让别人信任我们的设计。“5 美元词语”效应通常会起作用，但是一旦不起作用，就会立即降低人们对设计作品的融入感，让他们带有排斥情绪，认为设计作品难以理解，甚至质疑作品与其主要业务需求的关联性。

上述情况发生后，我们通常采取回防策略，尝试用更简单的说法重述我们的观点，但是过于简化或选用错误的比喻却只能让听众更为迷惑不解。相反，如果我们知道他们的行话，把我们的观点直接翻译为他们的行话，就会获得信任，帮助听众理解我们的术语和设计概念拥有扎实的基础。

然而，好消息是设计是视觉形式的语言。这也就表明，作为设计师，我们拥有收集组织内行话的最佳工具，可将其转换成每个人都能理解的简单视觉形式，汇总成通用词汇表，以便在项目生命周期内使用。例如，用户旅程（user journey，见图 1-1）、肖像地图（iconographic map）、人物角色（persona）这些方法都能把复杂的动词概念转换为易于理解的形式，防止偏差过大的解释。最终，如果工作做得好，我们的影响力能够保证团队通用的词汇正是用户的语言。

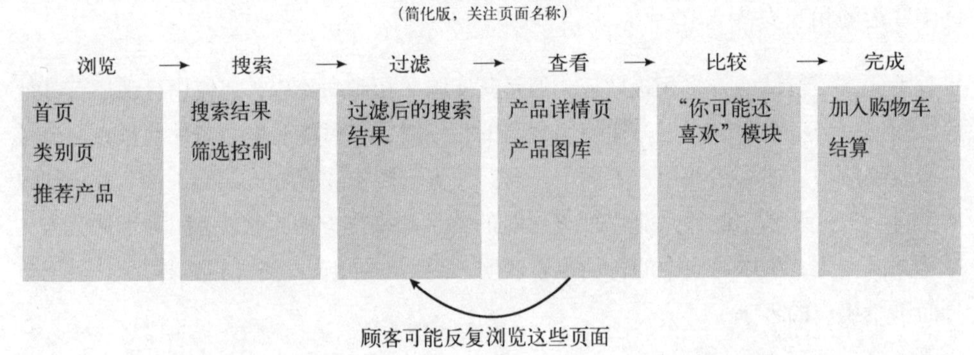

图 1-1 旅程地图：用视觉形式表示旅程，限定所使用的语言（版权所有：James O'Brien）

如果我们能够把行话翻译的角色扮演好，并将其职能扩展到协调业务各方，就能战胜这种反模式。我们获得的奖赏将是，赢得同事的信任，甚至成为项目内部起中枢作用的人物，参与决策。

1.1 总结

机构内各部门为了提高沟通效率和增强团队向心力，发展出了自己的一套内部行话。然而，各个部门的行话之间存在略微不同，有时相同的词语意思可能不同。如果我们没有理解同事真正在说什么，也就无法理解他们的动机或针对设计作品提出的问题。我们会回答我们听到的问题，而不是他们真正想问的问题，或者回答得不全面、偏离主题，导致没有回答提问人的关注点或是破坏他们对我们的信任。

1.2 “语言不通”反模式

在跨职能团队中，每位员工带来的不仅是不同的能力和经验，还有围绕其各自擅长领域形成的不同行话。两种行话可能用同一个词表示不同的意思，用不同的名称表示同一件事，也可能一种行话没有收录另一行话中常见词的特殊用法。这就会导致错误的预期、混乱和失望。如果没有核查、确认，就会导致项目进展偏离正轨。除非你进行检查，确保每个人不仅理解了大家刚说的**话**，还理解了大家的实际**想法**，否则这种反模式在之后的项目进展中可能会反咬整个团队一口。

1.3 你已经在反模式之中了

- ❑ 你意识到跟对方争论的立场其实是相同的，之后设计问题突然迎刃而解。
- ❑ 你回答问题后，对方回应“是的，但是……”，并换了一种方法询问同一个问题。
- ❑ 干系人开始向项目经理而不是你询问设计问题。
- ❑ 对方无法理解时，你抓耳挠腮以新的方式来组织自己的回答。
- ❑ 你确定正确回答了对方的问题，但是他们没有理解你用的术语。

1.4 模式

对于这种反模式，我们可以采取积极主动的态度，确保尽可能多地接触业务，并且掌握其他部门的需求及其原因。你应该同时培养两种能力：理解需求，知道用什么语言描述需求。你要对公司的一切事物感兴趣——它将会教给你需要的语言，确保你的设计能够更全面地响应公司的需求。

1.4.1 “游猎”干系人

通常，我们进入项目是以项目启动会的形式开始的，项目各方都会参加该会议。这对当面了解需求非常有帮助，不过因为通常这也是大家第一次见面，所以对学习其他部门的行话或是增进团队凝聚力起不到多大作用。一些干系人可能看上去就像塞伦盖蒂草原上的狮子那样冷漠、难以接近，因此趁他们在自己熟悉的“栖息地”中时找机会与其交流就显得很重要（见图 1-2）。你可以在启动会之后找他们聊，但如你事先知道哪些人会参与项目，提前找干系人聊聊往往帮助更大。如果你们在同一幢写字楼里办公，就径直去找他们，谈谈他们对项目的需求和期望。如果不在一起办公，找时间给他们打电话或使用视频聊天的形式。其实形式无所谓，重要的是积极主动地了解他们的想法。

图 1-2 “游猎”干系人：找到干系人，以便更好地理解他们的语言和需求（版权所有：Katy Dickens）

这种交流方式能在两个方向上发挥作用：1) 你能了解他们的语言和核心需求；2) 他们对你的理解能力产生信赖，而且在多数情况下，他们也开始逐渐了解用户体验是什么以及能帮他们做什么。其他部门不知道用户体验的作用和能力的情况并不少见，按职能划分部门的公司中尤其如此。这种技巧确实有助于他们理解用户体验，因为你可以用刚从他们那里学到的、能引起他们共鸣的行话向其解释用户体验。

开展这样无组织性会议的难点在于，有些组织认为其生产效率不高，毫无价值可言。有时我们很难说服项目经理把这样的会议安排进日程，有时干系人自己也许不愿匀出时间。对于第一种情况，可以把“游猎”干系人称为“需求验证和提炼”会议。这种更为正式的表述方法仍然描述了他们要做什么，但是看上去更像是用于降低风险的策略。对于第二种情况，一定要坚持下去。如有必要，守在干系人门外：安排与其共进午餐或寻求（创造）社交机会。请记住，拒绝一位带礼物来的客人很难。因此如果你打听到他们喜欢喝某种咖啡或茶，给他们捎上一杯，这对于打开话匣子很有帮助。

第一轮“游猎”干系人对于开启对话、设定预期很重要。一旦确定和理解需求之后，

"游猎"也不可间断。定期会晤干系人可以有效防止需求调整使自己措手不及。闲聊是另外一种沟通形式，虽看似微不足道，但你可以通过它提前了解可能影响项目进展的因素，比如预算削减、员工异动或业务环境的变动。尽早了解清楚这些变动，并做好相应准备，比由于缺乏沟通而最终使他人将其交付为**既成事实**要好得多。

接下来几章会大量介绍"游猎"干系人过程中非常有用的目标和技巧。

1.4.2 正式会议前后的会议

商业会议具有自己的特点，拥有自己的节奏和礼仪。此外，不同的行话可能在其中产生冲突，而且商业会议有自己的特殊行话。当你参加会议时，会有意或无意地进入一种不同的交流模式。这使得会议非常有效，但也极其可能令与会人员陷入反模式。不过，还存在另外两种特殊的会议形式，可以用无组织性的互动方式打破这种反模式：大家到齐后围绕特定主题闲聊的非正式时间，以及会议结束后大家离场之际。

小心推进

我们在前言中讲过，两位作者都在扁平化程度很高的欧美组织工作。该模式在这些工作环境中也许无妨，但在等级制度更为明显的组织或文化中，也许会被视为对人事结构带侮辱性的迂回攻击。决定采用该模式前，请仔细观察机构的文化背景。

在正式会议前后的会议上，不必套用一般的繁文缛节，但这期间达成的协议在谈判双方事后看来，就像是正式会议的一部分。这意味着非常适合在这些会议上向干系人抛出你在正式会议上要讲的观点，做好前期沟通工作，他们说不定会在正式会议上赞同你的意见，或把达成的决策转化为具体的行动。

1.4.3 正式会议之前的会议

带着预期参加会议十分重要。会议之前，你可以跟对方的参会人员交谈，使他们对你的想法有积极的认识。如已"游猎"过一次干系人，就应该知道采用哪种交谈方式可与干系人取得共鸣。你还可以通过引导他们谈论特定的主题来影响会议的进程，比如"希望我们今天能借此机会谈论一下导航，真的需要推进该功能了"。正式会议前就这样的话题达成一致（特别是进行讨论），在正式会议上再次提出这一话题就易于争取到大家的支持，并且对于会获得哪一方的支持也能做到心中有数。

1.4.4 正式会议之后的会议

散会时，你有机会选择跟哪些干系人做进一步沟通。通常，正式会议决定接下来要**做什么**，而之后的会议决定**怎么做**。在一些重要的政治会议结束后，会出现颇具戏剧性的一幕：人们争先恐后地涌出走廊，边走边为自己的决策疾呼。这样的例子说明了正式会议之后的会议有多么重要。

再次提醒，清楚自己希望得到什么结果很重要。哪位干系人可能支持正确的流程，有意通过磋商推动项目进展？他们就是你离开会议室时要选择交谈的人。积极地跟他们接触，向他们解释对于大家一致认同的最终结果，你有一些实现上的想法，想征求他们意见。这时大家还记得刚刚在会上谈论的内容，正好可以趁热打铁。干系人也应该能意识到会后接着谈论这个问题的意义所在。

正式会议前后的会议还有很多其他用途。它们可用来消除各方之间的摩擦，重申你对项目的热衷和对干系人需求的重视，也可用来见缝插针地寻求拜访对方的机会。一旦你意识到这些时刻的存在，将开始发现其中蕴藏的大量机会。下次开会时，会前、会中和会后都要记得仔细观察。讨论了哪些主题？每个阶段的主导是谁？散会时，谁又在征求谁的意见？

以上述方式利用交谈场合不免有操纵他人之嫌，但是你要理解，作为前辈的大多数干系人都能理解这种会议的重要性，他们也会出于自己的需要加以利用。该模式将你的格局提升到与干系人相同的高度，而且我们相信你的出发点是善意的。

1.4.5 降低围墙

一般而言，进入职场前，用户体验设计师至少在富于创意的环境里待过几年，可能是拿到设计学位的过程，也可能是参与编程和业务分析等业务活动的其他创意方面。创意环境中的经历非常重要，但却可能导致我们忘记并不是每个组织的每个部门都采用和我们一样的工作方式。我们想通过展示自己的想法来获得自信心，但是对于那些自认为并非从事创意工作的人来说，这可能会让他们望而生畏。我们原本指望在展示工作的过程中获得他们的评论，但他们很可能不愿发表意见。我们会为了提高效率或让想法更具权威性而使用一些术语，但这些术语在对方听起来就好像是隔在双方之间的一堵围墙。

如果我们讲起话来太过权威，给人的感觉可能是，我们不仅是用户体验专家，还是整个业务的专家。这可能导致其余几方认为我们彻底理解了他们的所有术语和他们需求的背景；也可能导致即使我们的知识不完整，甚至是错误的，他们也会感到我们在这些方面是不容挑战的。合理地暴露自己在知识上的欠缺，鼓励各方积极进言献策很有必要。

当然，至关重要的是站在令人信服的立场上，带着自信做展示，让听众认为你的确熟悉设计领域的行话。如何确保这不会疏远干系人或同事？在正式会议之外，交流机会越多，你的选择就越多。你跟其他各方打成一片，在会议上自由地在专业领域围墙内外进出，降低跟对方之间围墙的高度，以便他们明白可以随时踏入墙内问问题而不会丢脸。如果无法用非正式的语言，你可以通过询问大家是否理解你所讲的概念来降低围墙的高度（比如问："我说的'关联映射'，大家听得懂吗？"），积极邀请大家发表意见。

我们在前言中介绍了了解自己交流风格的重要性。风格对于某些模式的使用方法起着至关重要的作用，该模式就是其中之一。例如，James 是在英格兰长大的，能自如地使用带有自贬意味的幽默来降低围墙的高度（本书的前几稿中，他曾想把这种模式称为"叫我傻瓜"）。Martina 感觉她无法用德语在这种背景下表达幽默感，因此使用温和、包容的语气鼓励对方参与进来。选择一种自己感觉舒服的方式很重要。不然，干系人就能感知到你的不自然，围墙高度就有可能不降反升。

在商务场合暴露"弱点"对工作有积极作用，可提升工作效率，这似乎违反了直觉。然而，不要忘了创意有其自身的需求，是很多公司竞相追逐的目标。对于生产产品的公司，格言"早失败，多失败"是指开进未知领域时，要认识到自己的经验是有限的，并将失败的风险降至最低。作为设计师，我们可以暴露自己经验的边界，允许对方关注其擅长的方面，并且向其演示即使在错误假设上投入过多，也不会给设计作品带来不应有的风险。

1.4.6 退一步

很多反模式之所以会出现，是因为我们着急回答对方问题或回应质疑，而没有花时间站在对方的立场上从不同角度看待问题，领会对方的想法。克制自己最初反应的这一模式是本书讨论一切的基础。你在回应之前应花些时间评估自己听到的内容。

遇到这种反模式，不如退一步，好腾出时间把对方的质疑转换为自己感觉舒服的表述。

千万不要跳过这一步直接回答问题或回应质疑，因为几乎可以肯定，那样回答的绝对不是对方实际的问题。更有甚者，你辩护的观点也许不是对方质疑的对象。

退一步策略还可以使你意识到自己在会上分享的作品不是最佳答案，而只是你当前理解的产物，带来的目的是为了引发讨论。一旦有了这样的认识，你就更易于理解对方对你的质疑。你会意识到可能并不是自己的工作成果糟糕，只是它反映了对当前业务做出的假设，需要接受大家的检验。不管对错，它都提供了一个更佳的想象空间，期待你的参与。

1.4.7 回放

把你听到的话回放一遍，确认自己对它的翻译是否正确，从而让对方有机会确认你理解是否正确或纠正错误理解，并且帮助对方理解你使用的特殊术语的意思。我们将在第 12 章详细讲解。

1.5 如果他人用这种反模式伤害你

如果我们自己没有行话，用户体验就无法成为一门独立的学科，但这也意味着就像我们无法理解其他部门的行话一样，行话也会影响他们对我们的理解。“游猎”干系人和降低围墙有助于各个群体达成共识，但有些时候，尽管我们的意图往往很好，可就是找不到合适的词语来解释自己的想法。

如果发生上述情况，你可能会尝试用比喻的方法来解释。虽然选用恰当的比喻可以像一盏灯一样照亮你的观点，但我们建议你谨慎使用这种方法。关于用户体验目标的比喻往往会成为讨论的主题，干系人可能会反驳比喻而不是去关注比喻背后的问题。例如，“我们需要网站给人一种稳固、可依赖的感觉，就像是沃尔沃汽车车门关闭时的声音那样令人安心”的比喻就很容易引发争论，干系人可能会说他姑妈曾经有一辆沃尔沃汽车，车门就掉下来过。如果比喻过于简单，听起来就像是为了举例而举例，但过于复杂，只会让对方感到更加迷惑不解。

尽量使用他们的行话回放你的理解，如果有自己没能翻译的用户体验术语，可以测试一下他们的理解。不要尝试过于简化常用的用户体验术语。例如，如果你把术语“人物角色”简单表述为“示例用户”，那么干系人就会忽略调研这回事，仅把它看成一个人而不是一个群体。要站在双方都可以理解的基础之上，然后根据需要解释分歧。

例如，要理解为什么 Ravi 不愿改变立场，我们需要知道他在想什么。可以使用移情图（empathy map）帮助我们看其所看，想其所想，闻其所闻，做其所做。

交谈是一种高带宽的交流方法，若辅以草图，信息量还会提升。不要仅仅把草图当作自己探索设计思路的方法，还可以用它来跟非设计师同事交流想法——这是创建前面所讲视觉语言的第一步。达成共识的最佳方式就是，把你的解释用草图表示出来，邀请对方也把他们的想法用图表示出来。

如果你还在为无法有效沟通而痛苦不已，别忘了试试正式会议前后的会议。通过这些会议让对方感受到你的人情味，他们就会想法设法跟你保持一致。

1.6 本章术语

- “5 美元词语”效应
- 意外争吵
- 业务行话
- 争吵成本
- 回放
- 正式会议之前的会议
- 正式会议之后的会议

案例研究

软件开发领域中的语言不通

图 1-3 Eli Toftøy-Andersen（版权所有：Eli Toftøy-Andersen）

我认为，在跨职能团队中，取得成功的关键是理解我们用来描述所从事工作和所面对复杂领域的词语。如果有 5 位专家都在用“设计”这个词，那么就有必要解释清楚它是什么意思。作为咨询师和设计师，确保大家彼此理解是我的分内之事。举办工作坊时，我总是鼓励设计师、客户和最终用户代表针对大家的领域和使用的词语提出各种“愚蠢问题”。

怎样了解客户和项目领域

作为一名交互设计师，我知道应用程序中所使用的词语很重要。2010年，我服务于挪威最大的敏捷项目——挪威国家养老基金会的PUMA项目。不论是养老金领域还是敏捷理念，对我来说都是首次接触。因此加入项目的第一天，我在办公室里走走停停，看看各处的白板上都写了些什么。突然有人跟我说："他们正在开站立会议，你刚好站到他们中间了。"当时，我不知道这话是什么意思，但是觉得应该马上走开。随后几天，各种新词对我狂轰滥炸。我不得不用自己一无所知的值来设计用户交互。我问过erhvervskoffisient是什么意思，他们告诉我这是一个1~10的值，通常位于1~2。

为一家医院开发应用时，我不得不学习diurese和cardio之类的词语，理解不同部门的职责。为挪威国防部开发应用时，我又不得不学习ETA和ATA之间的区别，以及驶入挪威领海的船只应当遵守的规则。如果不了解这些词语，将无法设计这类应用。

我通过多种方法学习词语，比如观察，跟工作人员聊天，读书，访问局域网，阅读手册，或干脆花时间了解客户的业务。

多语言项目

在多语言项目中，误解的风险更大，因为不仅使用的词语不同，而且在文化上存在差异。我们总是需要解释清楚工作方式、设计的含义和交付成果是什么。

语言上的不同也会反映到我们设计的应用和网站中去。当我在多语言学习环境Fronter工作时，吃了不少苦头才明白不同语言中单词的"组合"方式有所不同。例如，挪威语或德语的一个普通句子比英语占的空间更多。对于芬兰语这样的语言，句子中单词的顺序可能会大为不同，因此翻译时只是按字符串顺序进行替换根本行不通。再比如，如果阅读顺序是从右往左，那么原本在左边的菜单该放到什么位置？

结论

我发现对交互设计师来说，研究语言以及对语言感兴趣是大大的加分项。

作为公司的一名用户体验设计师，平时与许多工程师一起工作，你需要准备好不断解释你想做什么，以及你所使用的词语是什么意思。讲清楚词语的意思，保证你和听众使用的语言相同——确保新的团队成员和干系人知道你在讲什么——是你的分内之事。你需要尽自己所能帮助大家形成共识，这对于实现高效的团队合作很有必要。

Eli Toftøy-Andersen，Steria 挪威团队经理、用户体验设计师

在过去 7 年中，我一直在挪威的一家大型 IT 咨询公司担任交互设计师和团队经理。即使在这样的专业公司中，“设计”这个词也常常引发误解。架构师在设计，基础设施咨询师也在设计。我遇到过一些项目经理和销售人员，他们认为请交互设计师“把东西做得漂亮些”合情合理。

小提示

(1) 不同的部门出于需要使用不同的行话。为了与他们打成一片，我们需要学习使用他们的语言。

(2) 在传统的业务背景外跟同事交流，这样可以让我们显得更人性化，降低业务“创造性”和“严肃性”两者之间的围墙高度。

(3) 会议场合很特殊，有一套自己的术语，我们也应该学习。

(4) 会议前后，我们有很多机会可以冲破社交礼仪的束缚，理解不同群体的术语或为理解做好铺垫。

(5) 永远不要回答你认为自己听到的问题。回答之前，先思考一番。如有必要，可向对方回放你听到的问题，以验证自己的理解是否准确。

(6) 设计时，要意识到自己的作品不完美，存在假设。因此，当你展示作品时，如果大家提出异议，也不要心烦意乱。

EURO
60
SEC
45
1/20 SEC
0
2
4
6

第 2 章　KPI 不同

既然第 1 章讨论的不同业务行话会严重降低开发过程中的效率，那么它们为什么还会存在呢？行话之所以存在，原因之一在于每个部门不仅有自己关注和努力追求创新的领域，而且衡量其成功的方式不同——这体现在他们背负的 KPI（关键业绩指标）上。

2.1 组织怎样衡量成功

KPI 从何而来？处于组织架构顶端的管理者难以通盘考核整个组织，因此他们把考核整体的过程分为易于操作的几个部分。通常来说，组织会为参与产品开发的每个部门分别制定衡量成功的指标——从他们可以施加影响的领域中选择。然后，为了便于分析，再从这些指标中选取一组衡量标准作为业绩监控的对象，该衡量标准要最能代表部门影响范围。因此，每个部门都有一组简单的 KPI，从组织的角度来看，KPI 决定着部门的贡献是否达到了预期效果。

例如，销售团队可能因为拓展新业务而获得奖金，市场营销团队的考核标准也许是流量方面的提升，而对开发团队的考核则在于每次发版交付功能的数量。各方力量融合在一起而形成的整个产品团队使用同一套考核标准的情况很少见，每个部门的考核标准跟产品的全局观密切联系在一起则更为少见。一旦 KPI 确定下来，团队就会自然而然地围绕它发展出自己的行话。这就是业务行话的源头：行话无非是为了快速、简洁地把最为重要的概念传递给同事，而由定义来看，KPI 就是最重要的概念。因为不同团队的 KPI 不同，所以他们的行话也渐行渐远。

从宏观上来看，这种策略貌似很有效：紧紧围绕每个特定经验领域制定一组 KPI，各团队都埋头苦干各自完成。但不管出于什么原因，只要不同团队之间的 KPI 相互冲突，就会导致争执。比如为了提升流量，市场营销团队可能坚持要做一个故意激怒用户的广告活动，以吸引更多人访问网站。但是这些访客是带着强烈的负面情绪来到网站的，只是为了看个究竟，因此无法通过设计一种用户体验来把他们转化为顾客。作为可衡量的结果，转化率是考核用户体验工作的一个常用 KPI。在这个例子中，市场营销团队可能完成了自己的 KPI，但却妨碍用户体验团队完成他们的 KPI。然而，市场营销团队甚至可能意识不到转化率也是一种 KPI。

这种反模式会造成恶果：轻则在多次谈判上耗时，削弱团队凝聚力；重则引爆各部门之间的纷争。若市场营销团队知道提升流量的**唯一**方法是使用可以激怒用户的通栏广告，并且将任何尝试其他方法的建议都视作对自己策略的否定，那么他们就是在积极地破坏产品（以及产品团队其他各方的 KPI）。

当然，上文中的“市场营销”也可以替换为“用户体验”。我们对这种反模式也没有免疫力，但是可以识别并解决这个问题。

2.2 内在动机

以我们的经验来看，用户体验设计师很少具有销售团队那样强烈的动机（原因可能是，比起衡量成功用户体验的软实力，衡量成功销量的难度更小一些）。然而，我们在内在动机驱使下交付超乎想象的用户体验也很常见。当这种内在动机与对方在职业或财务上的激励因素背道而驰时，就会带来意识观念上的冲突：我们认为对方的想法是由经济效益驱动的，而对方则认为我们没有商业头脑。这种冲突具有破坏性，不论谁赢得了这场争论，对最终产品都没有好处。

我们**需要**销售、市场、开发以及其他人员，是大家一起把创意变成产品的。只有有人愿意买单，创意才能变为产品。若无人知晓它的存在，它就无法变为产品。若无人懂得其实现方法，它还是无法变为产品。若无法变为产品，那么我们的工资究竟出自何处？

我们并不是说用户体验之外的其他团队都冷酷无情、自私自利、以金钱为导向。毫无疑问，从产品的角度看，这里有关激励的零散规定其实是不健全的考核系统，但即使在拥有完善绩效考核体系的公司，也可能存在 KPI 上的冲突，因为每位员工都想把自己的工作做到最好。

2.3 当 KPI 发生冲突

当然，若双方的目标彼此排斥，相互冲突的 KPI 就会把我们困住，使我们无法开展工作。遇到这种情况，你也许需要请拥有更大权力的人重新调整项目目标。你可以跟负责产品交付的同事（比如产品负责人）达成一致。更好的做法是，你可以跟KPI与你冲突的项目干系人共同制定双赢的计划。

定义成功

大多数人都习惯问这样一个问题："怎样才算是成功？"这样问是从解决方案回溯业务需求，设置预期或确定项目近期方向的最佳方式之一。

然而，永远不要忘记，每个人的答案都受到他们自身角色的影响。项目经理的答案跟产品负责人的答案也许迥然不同——当然，用户体验设计师很可能给出另外一种答案。

答案之所以不同，有时是因为讲话人鼓励人们从特定的视角看问题，有时是因为讲话人在自己的专业知识范围以外没有任何其他衡量成功的指标。

衡量成功的指标有两种：一种是外部施加的，比如"**转化率提升30%**"，也就是传统意义上的KPI；另外一种是自己施加的，比如"**我想创造最佳的用户体验**"。询问衡量成功的指标是什么之后，最好再追问："从个人层面来讲，你真正希望这个项目达到什么样效果？"这样做可以加深认识，还可向干系人表明你确实是在为满足他们的需求而努力。

正如你应该全方位学习其他团队的行话一样，你也应该始终尽力理解他们对于项目的需求。一旦理解了他们的需求，就可以及时演示自己是怎么理解的，并尽快向心存疑虑的项目干系人介绍你的方案以获得他们的支持。尽早赢得信任拥有非凡的价值，因为为了满足干系人的目标，你也许日后要与其商讨不同的解决方案。

永远都不要忘记，实际理解他人的KPI非常重要，让他人明确看出你理解了他们的KPI同等重要。只有这样，你才能赢得队友的广泛支持和宝贵好感。

打口水仗

要理解其他团队的KPI，存在诸多困难，其中最难克服的一个就是人们天性喜欢打口水仗（bikeshedding）。

打口水仗一词出自诺斯古德·帕金森关于管理的《帕金森法则》一书[1]。帕金森观察发现，项目成员倾向于过多讨论细枝末节和次要的风险，而对于最大或最可能发生的风险却视若无睹。

帕金森以核电站为例解释了这一现象。核反应堆设计复杂，只有少数人才能理解。因此在跨学科的专家委员上，若遇到核反应堆相关问题，大多数人只要同意专家的话就好。然而，当谈到员工自行车车棚的问题时，人人都能很容易地想象出它的样子。因为大家都能理解，所以每个人突然间都有话要说。并且，因为大家都想好好表现、添砖加瓦，所以他们想尽自己的一份力，为自己眼中的最佳方案而争辩。

大家往往对偶尔引出的问题发表自己的诸多想法，从而使得另一个团队的 KPI 很难体现出来。对于大家都能理解的问题，他们会（明确或含糊地）透露自己的想法，但对于更为专业的领域却缄口不言。这意味着我们可以认为他们关注的是微不足道的问题，最终我们在工作中涉足这些专业领域时，却并不清楚对方对此抱有怎样的期望。遗憾的是，打口水仗看似事小，但对设计的影响很大，因为人人都认为自己有资格就产品的可见方面发表看法。然而，这并不是说所有关于设计的反馈都是打口水仗。如果每次都持有这种看法，那么就陷入了另外一种反模式，即我们将在第 9 章讨论的"认为别人不懂设计"。

学会识别并平息口水仗有难度，但只要掌握了方法，你就会发现会议的效率更高，干系人的意图也更为明确。在第 12 章和第 13 章，我们将介绍帮助诊断和平息口水仗的技巧。

2.4 总结

我们按照软件设计和开发中的各个流程来计算产品的成功或失败之处，但对于任何足够大的项目，很多部门是在这些流程外工作的。我们需要了解和接受他们衡量成功的方法，因为只有满足他们的目标，产品才能算作成功。干系人若相信我们是发自内心为实现他们的利益而努力工作，就会乐于参与、帮忙，愿意跟我们商议。那些觉得我们无视或者损害其利益的干系人是最难劝服的。

2.5 "KPI 不同"反模式

自我形象中很重要的一部分是把自己看作用户的守护神。然而，我们很容易忘记自己的工作是为用户行为和业务需求牵线搭桥。用户和业务，只要有一方没照顾到，我们就会失败。实际上，如果我们没能照顾好用户，日后可能还有机会再次吸引他们成为我们的用户，而无法满足业务需求则可能意味着项目的早夭，可见后者比前者更为严重。

我们不仅仅要理解直接实现用户旅程的人，还要理解**所有**对项目起推动作用的人，否则就无法满足业务的需求。项目的其他推动者虽然没有直接参与，却影响着公司的目标和反应，他们会引导用户使用公司的产品，并维持公司的正常运作。若是把落在我们领域范围之外的推动者视为不相干，我们就是在玩忽职守，好比做研究时忽略了一大块用户群。

此外，干系人的绩效由其他推动者考核，而干系人会参与到发现、反馈和交付环节。如果干系人发现我们的设计不能满足其目标，就会把问题告到我们上司那里。爱哭的孩子有奶吃，因此我们眼中的小问题就有可能升级为大问题。

2.6 你已经在反模式之中了

- ❑ 干系人公开表示他们的需求没有得到满足。
- ❑ 评审之中或结束后，素未谋面的干系人突然出现。
- ❑ 各部门为寻求精神支持而派出更多干系人参与评审会议。
- ❑ 评审结束后，你收到的邮件讨论了你没有意识到的问题。
- ❑ 有些事你认为无关紧要，干系人却一再将其推回。
- ❑ 有些人看上去过于关注本应算是偶发的细节（但要提防打口水仗）。

2.7 模式

2.7.1 积极发现

学习其他团队的行话时，注意打探他们需要从项目中获得什么。记得不仅要考察他们挂在嘴边的 KPI，还要找出他们为自己设立的目标。

回放一遍对交谈内容的理解，验证你的理解是否到位。即使发现冲突，也不要当场引爆，而是应探索冲突背后更广阔的背景，以加深你的知识，证实存在发生冲突的风险。

不允许对方说："我一看到就能明白。"遇到这种情况，礼貌地予以回复，告诉他们这样的回应太过宽泛，而且你需要专家给出指导才能着手。得到回复之后，不要立即将其奉为信条，应保持打破砂锅问到底的心态。几次追问之后，若他们还无法为你指明方向，可以将这个问题升级。

把安静的干系人从他们的壳里拖出来，询问自己怎样做才能满足他们的目标。即使（现在）他们认为自己对设计一窍不通，但是不久之后，你也许会扩展到另一个确实能触动他们的领域，他们就会变得有话要说！

向对方证实你的理解，并且保证设计解决方案时会考虑他们的需求，这些话足以让对方信服。

2.7.2 尽待客之道

通过特别重申自己工作的哪几个方面怎样服务于其他团队的 KPI，表示你接受了他们的 KPI。我们常常发现，把用户利益和业务价值分成两大块来讲并解释清楚两者之间的联系时，做展示的效果会很好。

若干系人反馈的问题似乎不在他们的职责范围之内，可对照其 KPI，理解他们的真实想法。甚至会有一些你先前没意识到的事情，现在却影响到了工作的开展。

2.7.3 不要硬碰硬

如果你需要挑战他人的 KPI，要记得不能指望他们放弃自己的目标。准备好跟他们一道努力找到能够满足双方需求的方式。如果调整 KPI 需要请示更高一级的领导，那就双方带着计划一起去。这比你毫无准备自己去，且一门心思更改 KPI 的成功率更高。

每个人的 KPI 都是根据他们的影响力范围制定的，不过你有时看不出其中的门道。你可能难以理解另一个团队的 KPI 中蕴含的商业价值。明白其中商业价值的唯一方式就是跟这个团队一起工作。像理清研究对象的动机那样进行谈话：心态开放，但不要引领谈话，也不要妄下结论。

同理，你的 KPI 中蕴含的价值在其他团队看来也是晦涩无比。识别到冲突之后，你要用毫无偏见的语言和语气告诉他们，而且不要为结果设置预期。“我发现一处冲突，这可能会使我很难开展工作。我们一起寻找解决方案怎么样”比起“你得调整它，因为它对我来说很难”要好得多。准备好向他们解释你的 KPI 跟业务或用户体验价值之间有什么关系。如果是单纯的用户体验价值问题，你得能讲清楚它为什么重要。谈话之前要有所准备：准备一次电梯演讲，解释清楚你的 KPI 及其背后价值之间的关系。

2.8 如果他人用这种反模式伤害你

用户体验等设计领域的动机对于业务的其他领域来说很难理解。我们倾向于自我驱动，以质量为导向，受制于一整套来自经验的外部标准，这有时甚至会让为我们设定目标的人难以理解我们的出发点到底是什么。例如，我们把用户视角带入产品的职责看似与传统的业务目标格格不入。

因此，我们很有可能遇到这种反模式。我们的 KPI 和产出之间的关系极其模糊，其他团队很难将其和他们理解的业务价值联系起来。如果我们不解释清楚两者之间的关系，填补理解上的鸿沟，将会给其他团队留下这样一种印象：我们的工作无法产生业务价值。干系人若持有这种想法，将会把设计看作不可量化、主观的，设计师只是一味吹毛求疵，缺乏商业头脑。

对于商业活动而言，无法量化的工作构成风险。典型的交付过程具有最小化风险这样一个总体目标，某些职位的工作职责就是消除风险。如果设计变得等同于风险，那么处境于我们非常不利，设计决策会站不住脚。说到底，组织只有理解了设计的价值，才肯信任设计。

不要独自应对组织层面的调整

让整个组织理解设计的价值，不可能一蹴而就（见图 2-1）。经验告诉我们，大型公司约需要 18 个月痛苦的涅槃，才能完全接受设计思维等方法论，将其纳入到公司文化之中。组织层面的文化调整无法自下而上实现。长期来看，组织层面的调整是一个值得投入的目标，能尽可能通过试点项目和游说高层的方式来实现。然而，如果缺少短期富有谋略的策略以打破这种反模式，也就无法证明调整会取得成功。

图 2-1 独自推动机构层面的调整，可能会感到遥遥无期
（版权所有：Davide Ragusa）

我们会在第 11 章解释做展示时提供背景用以表明决策背后有坚实依据的重要性。我们还将介绍几种框架，帮助你理解何时、怎样为自己的决策辩护。这些都是打破这种反模式的强有力的策略。

当别人质疑你的一项 KPI 时，你应该做到不仅能够解释它，还能**让别人明白它的价值**。别忘了电梯演讲的力量。电梯演讲不仅仅是用 30 秒解释事情，而且是用 30 秒讲一个令人信服的故事。

电梯演讲

电梯演讲起源于好莱坞，那里胸怀抱负的电影剧本作家需要寻找机会向高高在上的经理人介绍自己的想法。这样的一次电梯演讲不仅要在 30 秒的乘坐电梯时间里介绍剧本内容**是什么**，还要解释它**为什么**能大卖特卖。在用户体验背景下，电梯演讲是议程严谨的会议之外的又一项实用技巧，就像前一章讨论的正式会议前后的那些神奇时刻一样。

首先以一个目标作为切入点：你希望干系人为**什么**买单？记住，这可不是设计元素自身，而是设计元素**背后的依据**。一旦干系人认为你的依据合理，元素就会变为实现需求的方案。举例来说，你可能想兜售逐步引导用户参与的策略。那么，电梯演讲不要直接为最初的轻量级注册表单辩护。在寻求认同之前，你要抛出需求，展示这样设计对于用户的价值。“**我当前可以在系统中创建第一条记录，而这个信息提示框能帮助我开始。**”

然后以问题的形式引出一个挑战。我们的大脑总是尝试回答人们提出的任何问题，因此提问可以有效地让对方站在我们或用户的角度思考问题。例如，你可以问：“**假如 Sue 是一位忙得不可开交的母亲，那她为什么要立即花时间注册呢？**”使用大家都能充分理解的角色，干系人会更易于对我们需要满足的顾客需求产生共鸣。

最后，通过将目标和挑战与业务价值联系起来，对其进行总结概括。“‘**实际上，我不会注册，因为我不知道产品能否满足我的需求。但是如果我进行深入了解，多花一些精力在产品上，就会突然感觉到一丝对产品的拥有感。现在我想保护这种拥有感，因此就会注册。**’**这就是如何通过吸引用户逐渐参与，实现提升转化率的目标。**”

像其他富于创造性的技能那样，电梯演讲练习得越多，越能打动人心（见图 2-2）。不要等挑战来了再去练习，而是要尽早开始。作为起点，想象别人问你靠什么谋生时该怎么回答。这可是把用户体验当作主题尝试电梯演讲的一个绝佳机会。

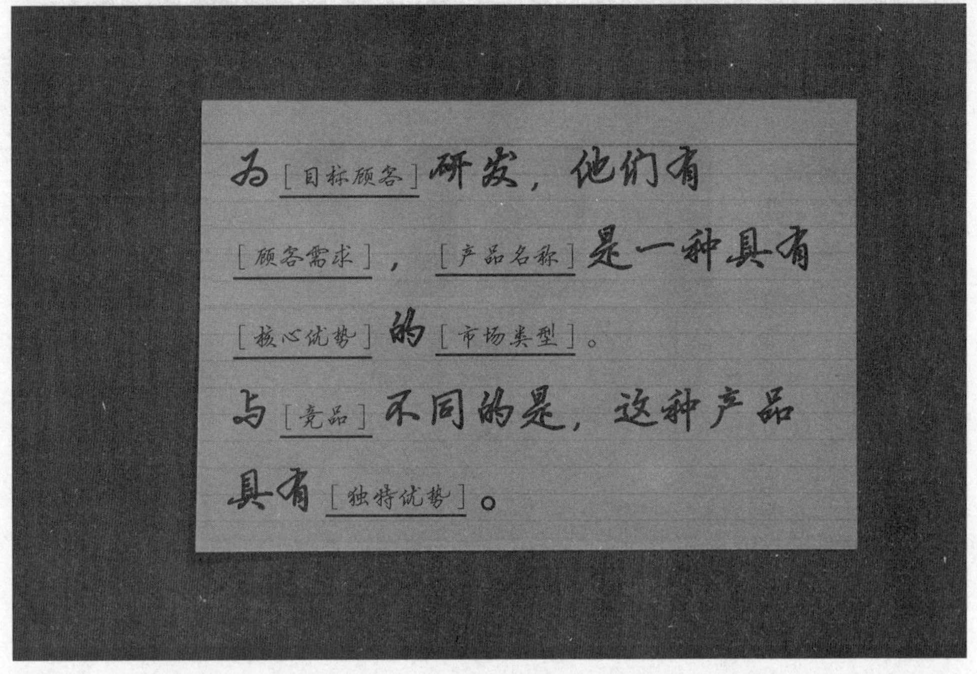

图 2-2 如何组织电梯演讲（版权所有：Martina Hodges-Schell）

案例研究

填平 KPI 鸿沟

图 2-3 Aline Baeck

设计师常使用基于顾客的 KPI，比如净推荐值（NPS）、任务完成度、错误率和满意度。工程组织则往往考核按时交付情况和程序缺陷计数。对成功的不同衡量指标导致了 KPI 鸿沟的产生。KPI 鸿沟在产品各团队之间制造紧张气氛和冲突，看起来难以逾越。

该怎样调和这样的分歧呢？

我所见过填平 KPI 鸿沟的最佳方法是我带领的一个团队使用的，那是几年前的事了。当时上级要求我们降低顾客流失率。他们期望我们找到解决方案，并在下一个版本中实现。

我们研究发现，大量顾客在购买产品后的两个月之内停止使用，这令我们感到非常不安。对数据进行初步分析，并结合人种志研究（ethnographic research），我们发现在新顾客转化过程中存在多个相互联系的复杂因素，正是它们导致了顾客的流失。这些因素多种多样，比如营销用语带有误导性质，设置向导使用了过于复杂的术语，等等。把这些问题跟端对端的顾客旅程对应起来之后，我们感到绝望。作为设计主管，我的主要目标是增加用户满意度，从而降低流失率。但若要在产品的下一个版本中显著降低流失率，会给工程团队带来压力，因为他们在进行增量开发的同时还要照顾到预先确定好的发版计划。由于设计团队和工程团队衡量成功的方式不一致，两者的 KPI 相抵触，导致的冲突几乎使团队工作陷入了瘫痪。

为了解决该冲突，我们从团队全局出发，后退一步，重新考虑想要实现的目标。最终，我们想降低顾客群中的流失率，设计和工程团队的 KPI 则是根据各自团队对于如何实现该业务目标的想法制定的。关注共同的业务目标，我们能理性地重新思考我们的方法，并达成双方认可的解决方案。

我们意识到产品问题牵一发而动全身，无法在项目规定的时间内解决，因此并没有尝试去解决产品问题，而是问自己："向用户提供基于服务的支持系统怎么样？该系统可以有效地消除减速带，降低用户的流失率。"该解决方案能够在短期满足整体业务目标，为我们解决更深层次的问题争取了更多时间。

我们很快确定了一种能以最小工程投入进行测试的服务。测试发现该服务具有一定应用前景，因此我们决定试运行一段时间，并进行迭代开发，在项目规定时间内上线。结果我们实现的这项服务大大降低了流失率，还增加了用户对公司的长期价值。

这一事件的转折点在于，团队意识到 KPI 鸿沟制约了我们的思维。重新关注最终的业务目标，我们就能够发现原本被各方以功能为导向的 KPI 所隐藏的目标。最重要的是，业务目标对各方而言是唯一、共同的 KPI。从这个目标出发，我们就可以为顾客创造更好的体验。

Aline Baeck 把自己对设计的激情投入到大数据、小型企业、国防、医疗器械、电信和消费者应用软件之中。她的设计生涯起步于加利福尼亚州的硅谷，现在坐标伦敦，供职于 eBay。

2.9 本章术语

- 打口水仗
- 电梯演讲
- KPI

2.10 参考资料

[1] 诺斯古德·帕金森,《帕金森法则:职场潜规则》,北京:中国人民大学出版社,2007。

小提示

(1) 跨团队工作的一个最大问题在于,每个团队的激励机制各不相同。不能忽视或否定其他团队的激励机制,而是必须帮助他们获得激励。

(2) 员工显然受各自的 KPI 驱动;虽看似不明显,但他们其实还受想认真工作的个人欲望驱动。必须理解和尊重这两种动机。

(3) 不管产品的设计如何巧妙,若只能满足部分业务绩效指标,它就不能算作一款成功的产品。

(4) KPI 冲突发生后,必须要解决。如果你肯与对方合作,寻找解决方案,冲突就会比较容易解决。

(5) 我们的动机在外人看来可能是缺乏商业头脑,因此必须把工作的隐含价值展现出来,只有这样公司才会开始信任设计工作。

第 3 章　不认可他人的目标

3.1 步入正轨

你一旦学着识别和理解组织内部存在的不同动机，就已迈上了设计一款成功产品之路。不过，为了让机构把设计思维完全整合到产品研发过程中，接下来还有一步必不可少：建立信任。在没有完全认可其他团队的动机，没有把它们当作设计方案的有机组成部分之前，我们有可能意识到他们的动机并进行响应，但如果不把每个人的目标整合进你的设计目标，干系人就会担心你没有把他们的最大利益放在心上，不会放心地让你主导产品设计。

如果你像两位作者一样，那么一定已经处于这样的境地：非设计师（设计师之外的员工）把用户体验和设计看作产品的外表，认为等所有“重要”部分敲定后再应用也不迟。其实，我们做设计方案时也犯过同样的错误，对待市场营销、技术和业务需求的方式跟他们对待我们的方式如出一辙。我们将他们要求添加的功能随意塞进合适的信息架构中，不情愿地为标准通栏预留位置，将内容和市场营销视作逃不过的恶魔——这些做法虽然响应了其他团队的 KPI，但实际上并没有真正认可它们。

从很多方面来讲，以上种种响应方式对双方来说都再坏不过：我们感觉自己在设计上做了妥协，而干系人却觉得我们满足其需求的承诺只是停留在口头上。他们可能会同意我们的设计方案，但并不会加深对我们的信任，而干系人的信任是以设计为中心的组织的显著特征。

信任是魔法

在写作本书的过程中，我们发现有一个主题不时重复出现，那就是对于非传统设计角色而言，设计和设计师看上去令人畏惧，其工作不可量化，遵循的规则也不同。信任是在“他们的世界”和“我们的世界”之间架起桥梁的魔法。

如果组织中的其他团队不信任我们和我们的工作，我们只能简单地寻求接受。接受具有一定的价值：意味着他们同意我们开始设计工作。但这应该仅仅是我们跟干系人所建立关系中的一部分，并且是相对次要的。

设计意味着变动。变动意味着风险。风险又会使人们担心他们的薪水。在这些条件下，干系人自然会小心翼翼地认可我们的想法，但这往往意味着他们在设计工作的关键方面打退堂鼓，削弱其影响。我们最终交付用户体验时，大家可能会有“亮点在哪里”的疑问，因为过多的妥协剥夺了我们的诸多能力。研发产品时若只是接受设计师的想法，会让人们认为只有设计师能够说服人的部分才有价值。

从另一方面来讲，我们在组织中建立起信任后，干系人开始理解增加用户体验和设计并不意味着拿掉其他领域的价值；实际上，这意味着为其他领域增加价值。因为以用户为中心的思维方式能够惠及整个组织，所以它的优点正在逐渐被人们认识到。

把非设计师吸引进创意过程，是建立信任最强有力的方式。这样做可以在开始阶段消除我们工作的神秘性，充分展现我们为实现业务价值所承担的责任。随着时间的推移，把干系人纳入创意过程可形成一个良性循环：他们看到价值所在，为实现价值做贡献，继而看到价值流向了自己的影响范围，这促使他们更加信任我们的创意过程。

书中所讲的多种模式都涉及共同创造，并在创造过程中吸纳干系人参与，这并非出于偶然。我们相信成功的设计根植于组织整体文化对设计实践的理解和信任。缺乏信任是终极反模式，但是通过吸引干系人参与，揭开我们创造过程的神秘面纱，就有可能破除这种反模式。

当然，信任是双向的。机构干系人云集，若他们这个群体感觉不到设计师的信任，又为什么要反而信任设计师？如果我们在某种程度上认为其他人对最佳结果心里没数，又怎能希望自己去认可其业务领域的需求？如果我们在自己的四周筑起围墙，又怎能完全融合到集体当中？

仅仅理解其他业务领域的 KPI 并响应是不够的。我们需要为之努力，将其视作跟自己目标同等重要，并确保将其完全揉到我们设计方案之中。此外，我们要让背负这些 KPI 的员工看到我们确实是这样做的，因为这会产生神奇的效果。

3.2 疼痛的大拇指悖论

若是草草地把干系人的需求揉进我们的方案，就像疼痛的大拇指偏要伸出来，往往让人感觉不自然。有些干系人会觉察到这一点，意识到我们在设计上做了妥协，并要求我们改进整合的方法。其他人看到他们的需求被提升到如此重要、醒目的位置，将会非常高兴。重要的是，这两种类型的干系人都**注意到他们的需求得到了重视**。具有讽刺意味的是，如果你在回应时没能表现出重视他们需求的神情，往往会被负责的干系人误读为设计师有意降低他们KPI的优先级，甚至意识不到设计师答复了他们的问题。疼痛的大拇指悖论指的是，糟糕的设计被干系人发现的情况。

若要合理地响应干系人的需求，重要的是尽力展示解决方案如何满足了双方的需要。这是行话发挥作用的关键时刻之一。我们若能使用干系人的行话，对于表明自己的理解和建立信任至关重要。同样重要的是，在干系人需求这一背景下介绍你的方案，解释为什么你的方案是为实现每个人的最大利益而服务的。我们将在下章详细探讨做展示时提供背景的重要性，并介绍几种实用的模式。

3.3 总结

仅仅理解干系人的需求并响应是不够的，必须把他们放在跟我们自己同等重要的位置上。然而，这可能会引发疼痛的大拇指悖论，即更好的整合方案在干系人看来还不如临时的补救措施醒目。不和谐的附加举措在他们眼中更符合要求。因而，非常重要的一点是，向干系人讲清楚你的方案怎样综合考虑了他们的需求，以及怎样平衡了产品中多种冲突的需求。这种方式若能取得成功，你的用户体验工作目标就将从取得大家的认可上升到获得机构的信任，从而拥有更多资源，为用户提供更好的体验。

3.4 “不认可他人的目标”反模式

如果我们不能像对待自己的需求那样努力把其他干系人的需求整合进方案，最多只能让他们接受我们的方案，而无法在团队间建立起信任关系。从长远来看，缺乏信任将导致其他团队在产品研发过程中对用户体验持保守态度。还可能会导致这样一种情况：每次往产品开发中增加用户体验，我们都要用可量化的术语来证明它的合理性［例如，投资回报率（ROI）］，否则其他团队将无法理解我们的目的是提升产品的品质。

可是，把干系人的需求整合得越好，我们就越需要着重讲解自己的方案是怎样满足其需求的。否则，作为需求方的干系人就会感到他们的需求根本没有得到重视。

3.5 你已经在反模式之中了

- 这种反模式可能难以识别，因为你尽管受到了它的不良影响，却依然可以让对方接受你的工作。
- 干系人通常看上去不信任用户体验。他们坚持要看到你添加的每项功能所带来的好处。
- 你只是在做你知道很容易就能得到他们同意的事情。
- 你并不是真正地认可设计评审会上的反馈以及新提出的需求。你认为它们不重要，不予理会。
- 将用户体验表述成市场营销的要求或设计潮流如此，比如“我想既然其他产品这么做，我们也需要这么做”或“如果你需要增加很潮的功能，那就试试吧”，那么不太认可用户体验的干系人就会表示赞同。这表明你需要在双方之间建立信任，表明你的方案其实整合了更为广阔的业务目标。

3.6 模式

3.6.1 成为解答“为什么”的权威

如果项目足够复杂，有很多外部干系人，那么几乎可以肯定除了交付团队之外，没有人能完全理解你正在从事的工作。若能讲不同部门的语言，全面理解产品体现的多种不同需求，各种机会将向你招手。你将会成为大家信任的权威，能够解释项目中正在进行的一切。用提问人可以理解的术语向他们解释各种可选方案，可以赢得他们的信任；这份信任将会惠及用户体验工作。

当然，有时可能没机会当面解释一切，而且项目也许很复杂，需要做备忘才能记住所有问题。遇到这种情况时可以把工作写在墙上，既能辅助记忆，又可作为参考，也便于他人经过时了解你的工作并记到心里。

3.6.2 积极地表示赞同

从项目之初就对干系人及其想法投以适当的注意力，是从源头上建立信任的重要方法。比起经过尝试、在项目后期才建立的信任，及早建立的信任更容易维护。

当你寻求了解干系人的需求时（请见2.7.1节），确保他们理解你对他们做出的承诺。

- ❑ 记笔记——即便你记忆力超群，也请记笔记，这可以向其他团队表明你在认真对待他们所讲的内容。
- ❑ 保持眼神交流，使用点头这类积极的身体语言。
- ❑ 探寻他们的要求和方法，直到全面了解。
- ❑ 如果你有自己的看法，在回放你的理解时，别忘了提到它。
- ❑ 对于他们的需求，提出几种方法，但不要尝试当场解决一切问题——提供可选方案，而不是直接给出答案。

对干系人的需求做口头承诺。大声说出来不仅是向你的谈话对象确认，同时也能促使你对当时发生的事件形成更强烈的记忆，并触发丹·艾瑞里所说的自我因循（self-herding tendency）效应[1]——我们根据对之前行事方式的记忆做决策。

3.6.3 有意识地内化

别忘了信任是双向的。如果其他团队觉得你信任他们，他们就会很容易信任你。然而，有时业务成员会用错方法，得出不恰当的结论或践踏我们的决策。欲让别人建立起对我们的信任，首先要对他们进行“无罪推定”。你可以准备一句“咒语”来提醒自己。我们喜欢用 Norm Kerth 的“回顾的基本准则”（Retrospective Prime Directive）[2]：

> “不论发现什么，我们都理解并且真正相信，鉴于当前掌握的知识、技术、能力、可用资源以及所处的环境，每个人的工作都做到了最好。”

对于我们的目标而言，更像是下面这样：

> “不论情况如何，我都理解并且真正相信，鉴于他们当前掌握的知识、技术、能力、可用资源以及所处的工作环境，每个人都在为创造最好的产品而努力。”

像上一种模式那样大声重复，而不仅仅是在脑海中默念，这样可以创造一种强有力的激发效应，形成没有自责和挫折感的心情，从而坦然面对刁钻的干系人。在艰难的会议和设计评审之前重复几遍这句话，看看它会对你的态度产生什么影响。

3.6.4 干系人也是人

怀疑一个角色很容易，但怀疑一个人就没那么容易，因此尝试从人的层面理解任何决策背后的人很重要。团队午餐、工作之余的活动和其他社交联系对于在团队和组织内部建立信任关系非常重要。如果你的工作单位没有这些活动，你要努力去推动，或者干脆自己发起类似活动。

稍微展示一下自己的个性同样很有价值，这样跟你打交道的人就会理解用户体验设计师也是普通人。我们不是说你应该像 James 那样穿上两面穿的闪亮外套（见图 3-1），但是显露对用户体验艺术的激情是个展示个性的好方式。如果组织文化氛围允许，在不经意间透露一些不太像你作风的事实，也是以项目之外的角色开启对话的好方式。

图 3-1 身着酷炫外套的 James（版权所有：Melissa Fehr）

这种想法的扩展就是要有一张“脸谱”，以一种外向的形式表现你对严肃业务场合的专注。在重要会议或一对一场合展示你对手头问题的承诺时戴上“脸谱”，但在不那么重要的时刻，你应该摘掉“脸谱”，使自己更像自己一点。要确保自己戴上“脸谱”之后的表达很自然。

3.6.5 在背景中做展示

向干系人展示设计作品时，合理安排讲解步骤，引导参与者走一遍过程，而不要只把最后结果展示给他们。更多细节，请见第 4 章。

3.6.6 共同设计

允许非设计师参与设计过程，邀请他们参加有关其需求的共同设计工作坊，这是一种展示设计过程的好方式。在这个过程中，你可以在更大的用户体验框架下把他们的需求转化为功能。这样做可以建立信任和自信：你不是为设计而设计。本书后面附有一份如何开展共同设计会议的指南。

3.7 如果他人用这种反模式伤害你

就一般情况而言，这种反模式的形式表现为，其他干系人不理解用户体验和设计的目标。这是本书多个章节的主题，尤其是第 12 章和第 13 章。然而，即使是两个或两个以上干系人因彼此持有这种反模式而“开战”，也可能会影响用户体验和设计。

若两个或两个以上干系人的需求存在冲突，就会带来一些非常大的挑战。作为设计师，调解的任务自然会落到你的头上。需求的冲突可能很简单，表现在待开发的产品功能列表不同；也可能以更复杂的办公室斗争形式出现：一方干系人哄骗你支持他的观点，霸占你的时间，这样你就无法为其反方工作，而当他发现你倾向于支持另一方的观点时，会向上级寻求帮助。

以防这种情况带来不良后果，要构筑的第一道防线就是跟相关干系人会面，或单独约见，或各方聚到一起。不带任何责备和歧视口吻，阐明各方需求明显存在不一致、影响到你交付工作的地方。以中间人的身份理解双方需求，寻找最佳折中方案。解释需求时，利用本章所学模式，尝试与双方建立信任关系，同时保持对会议的控制权——你解释的时候，不要让干系人相互质疑对方的需求。

一旦理解了需求，就要讨论什么地方发生了冲突。这时你可能幸运地发现把一切都挑明之后，冲突不见了。如果冲突依然存在，就要开始思考解决方案，吸引两方干系人参与。在需要的时候画出草图，以可视化方式呈现诸多可能的解决方案。推动双方达成积极的一致性意见，以此结束会议。记得把所达成的协议记录下来，并以邮件形式发送给双方。这样下次开会时，双方就会站在相同的基准线上。

如果无法像上面这样解决问题，你需要将问题升级。两个关键干系人的需求冲突基本上等同于产品愿景不一致。幸运的是，组织中有专人负责确保交付的产品符合愿景——愿景不一致，他就需要去修正。这个人可能是项目经理、产品负责人或赞助商中的一位，也可能是一位高层管理人员。不管他是谁，你都应该可以通过项目管理方把问题反映到有权力使大家达成统一愿景的管理人员那里。

3.8 本章术语

- 疼痛的大拇指悖论
- 回顾的基本准则
- 自我因循
- 解答“为什么”的权威
- 脸谱

3.9 参考资料

[1] 丹·艾瑞里,《怪诞行为学 2：非理性的积极力量》，北京：中信出版社，2010。

[2] Kerth NL. *Project Retrospectives: A Handbook for Team Reviews*. New York: Dorset House; 2011.

小提示

(1) 只是争取让干系人接受你的想法也能把好的设计带入产品，但是如果能跟他们建立起信任关系，把伟大的设计融入产品所面临的挑战更少。

(2) 在项目初期，向干系人承诺你会满足他们的需求。比他们感到被忽视或误解后再重新去赢得他们的信任，这时建立信任关系要更容易。

(3) 吸引作为非设计师的干系人参与创意过程，是建立理解和信任（更多内容请见第 9 章和第 16 章）最强有力的方式。

(4) 尝试理解角色背后的人，也让他们了解一些你自己的个性。这有助于培养他们对你的信任。
(5) 参与产品研发的所有团队都希望把产品做到最好，使用“咒语”有意识地内化这种认识。在较为棘手的交流之前，多重复几遍这条“咒语”。
(6) 双方干系人若争吵起来，让你深陷其中，可以利用共同设计会议或把问题向上反映到项目管理层以寻求解决。

第 4 章　做展示不提供背景

“看不见就记不住。”[1]

——法尔克·格雷维尔，布鲁克勋爵

随便跟一位负责设计创意方案的员工聊天，你都会听到相同的故事：干系人第一次会议给出的反馈与下一次会议的刚好冲突。在第一周的会议上，他们沉思过后觉得蓝色用得偏少；而下一周，他们说怎么蓝色到处都是，效果很差——去掉一些蓝色！

客户和干系人为什么如此善变？肯定有一小撮人在悄悄利用评审会检验别人对自己古怪念头的看法，对作品的保真度提出错误的要求。然而，我们认为这些人只是少数，在工作中听你做展示的大部分人都期望把产品做到最好。真正的问题在于，他们与你接触设计的时间严重失衡。

无论何时，我们都尽可能多地让客户和干系人参与到设计工作当中，比如结对工作，在需求沟通会议上积极探索如何设计，以及把工作内容写在墙上。但这些并不是每次都能做到的。例如，如果你在设计公司工作，客户不太可能一直都在，你也许得定期安排评审会。类似地，如果项目干系人很多或（且）很忙，你也许只能吸引其中一些参与设计过程，必须向其余的人做展示。

站在参会人员的立场想一想。他们也许有一两周时间没有见到设计作品了。同时，他们的关注点一直在各自工作的其他方面。你要在有限的接触时间内，向他们讲述当前的工作状态，并寻求反馈。毫无疑问，你收集到的反馈往往是肤浅的，没有考虑你在准备设计方案时思考的大背景。同理，他们在会议上忘记上次给出的即席反馈也不足为奇。即使他们还有点印象，解决方案的具体形式也与他们先前提出的对不上号。

这种交往上的鸿沟对你的设计目标来说非常危险。若只关注如何直接打动人，将会剥夺设计工作的深度。你设计的产品越复杂，肤浅的反馈所带来的风险越高。之所以无法提供有深度的反馈，是因为缺了**设计背景**（design context）这一味药。设计背景就是指当前所展示设计方案依据的用户洞察、反馈、推理和假设。

解决设计**背景失衡**，不仅仅是指从头至尾讲一遍解决方案。它指的是讲清楚设计背后的深刻见解、设计作品的演变以及之前反馈的体现。它指的是讲清楚否定了哪些方案及其原因，因为如果你不讲，其他人就会不可避免地提出这些建议。为了保证效果，你不能只为反馈会议准备设计作品：你需要准备要讲的故事，还要准备相关工具，做到以可视化的形式讲述故事。

4.1 提供背景的常用工具

在用户体验发现和设计过程中，我们会制作大量辅助设计的工具，但完成设计作品之后，它们就会被扔到一边。别忘了干系人也是人，他们的记忆并不可靠，很可能会忘记之前同意或没有使用的细节。把这些材料贴在墙上，方便大家看到，用于备忘或参考。

人物角色（persona，见图 4-1）可能是为用户体验设计提供背景的最常用方法。它封装了研究结果，向设计人员提醒用户在各个方面存在不一致以及产品的服务范围。我们把以上目的都寄托于一个具有真实面孔和名字的人物角色，从而让他能够留在参与项目的每个人记忆之中。在指定功能的优先级时，我们可以用他来提醒关系人关注终端用户的需求和能力。

图 4-1 人物角色示例（版权所有：Martina Hodges-Schell）

各种类型的**地图**在为设计方案提供基础需求方面起着重要作用。

- **过程地图**（见图 4-2）解释了为什么一段给定用户旅程要多几步或少几步，突出强调外部依赖强加给设计方案的压力，展示如何避免了令人迷惑的情景。

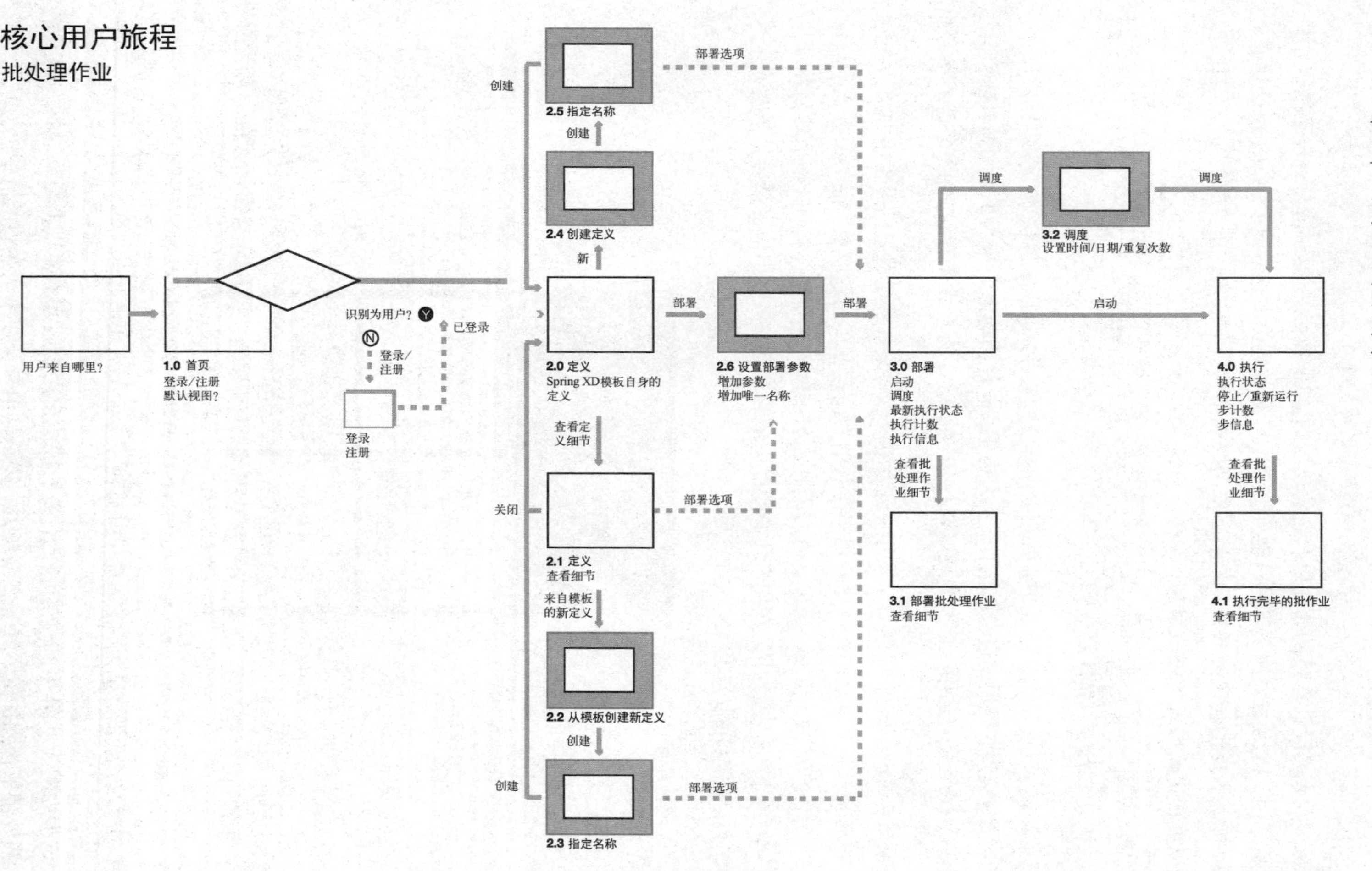

图 4-2 过程地图（版权所有：Martina Hodges-Schell）

- **体验地图**（见图 4-3）将用户接触产品的过程划分为几个阶段，确定每个阶段中用户的需求和目标，还展示了是如何把每项服务的接触点整合到顾客体验中的。在更大的规模上来看，体验地图对于较大的系统会演变为**服务地图**。

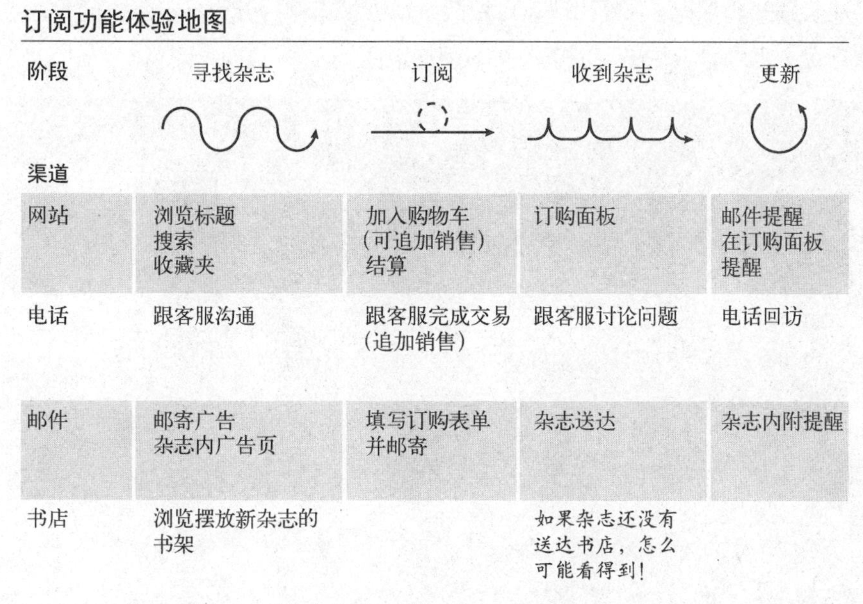

图 4-3 体验地图（版权所有：James O'Brien）

- **情感地图**（见图 4-4）捕获人物角色的体验，帮助团队更好地理解用户的背景，识别其目标。对此有深刻的认识之后，再来设计产品和工作流，帮助用户更为有效地实现他们的目标。

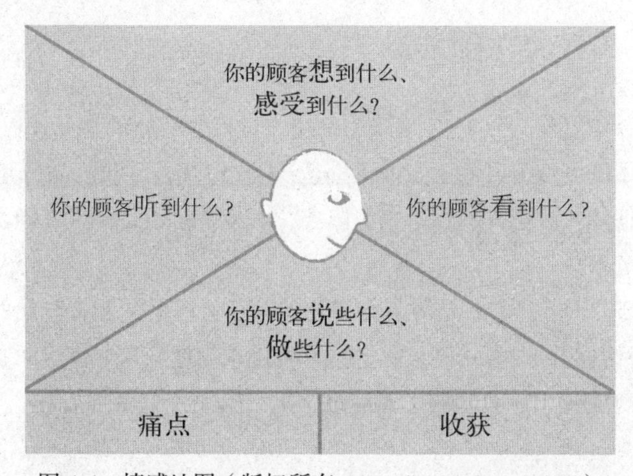

图 4-4 情感地图（版权所有：Martina Hodges-Schell）

- **故事地图**（见图 4-5）充当设计信息架构过程的中间步骤。故事地图指的是一组密切关联的用户行为（例如，注册、登录、登出和管理个人资料可视为一个关联组）。它展示用户在一个网站的能力范围，不用受制于固定的结构或约定的范围，所以这种展示方式非常棒。开发团队还可用故事地图把工作拆分为易于解决的小块。信息架构定下来之后，故事地图就演化为**网站地图**。

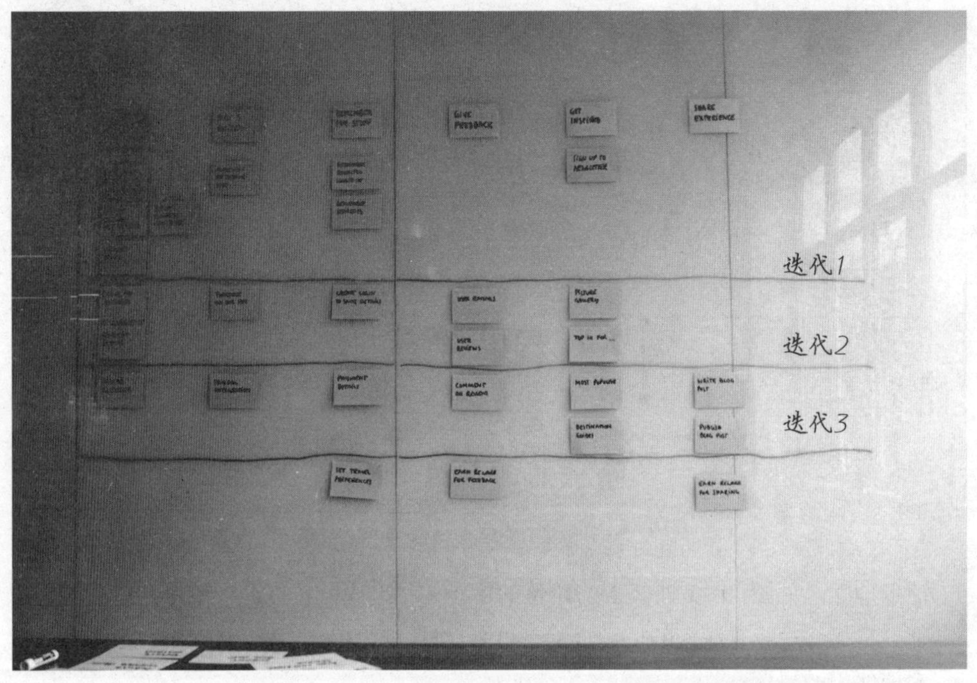

图 4-5 故事地图（版权所有：Martina Hodges-Schell）

除了这些地图，还有其他一些实用的工具，可帮助我们洞悉用户，推进决策。

- **顾客体验生命周期**（见图 4-6）描述的是用户在接触产品的整个过程中走过的旅程。从用户最初了解到服务开始，生命周期依次经过发现和理解、重复使用、熟悉，直到推荐别人使用。对于有明确结束的服务，生命周期还需要定义顾客怎样以积极的方式结束服务。
- **用户体验原则**（见图 4-7）是对人物角色的补充：显示开发中产品的个性。它作为获得大家一致认可的参考框架，起着指导设计决策的作用。体验原则允许我们追求质量，并给出成功用户体验的参考标准。

图 4-6 顾客体验生命周期（版权所有：James O’Brien）

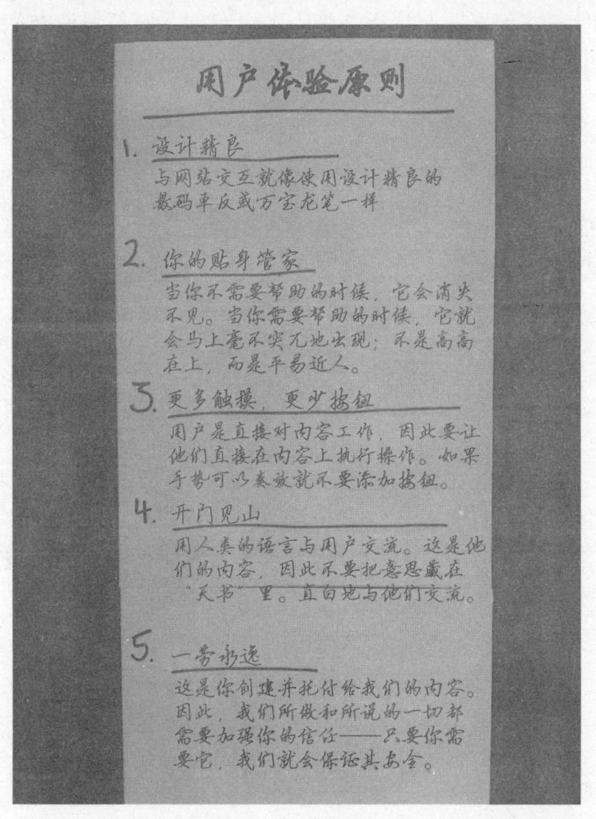

图 4-7 用户体验规则（版权所有：James O’Brien）

设计评审过程启动之后，**前一次评审达成的意向**为已经做出的诸多决策提供了一条重要的参照线，因此改动的代价更高。用户体验原则还展示了当前此轮工作开展所要依据的框架，帮助直接以解决方案的形式表达反馈意见，使其与现有工作相协调。

4.2 讲述用户体验的故事

在作者的职业生涯之中，我们有时会发现加入新的工作环境时会被别人视为名人。仅仅有我们在场，就能解决一大堆根深蒂固的问题。然而，与这种“摇滚巨星”“忍者”或“奇才”状态并存的是，人们缺乏对用户体验是怎么整合到产品开发和公司文化中的理解。他们把我们置于局外人的位置，不需要看到、理解或接受我们的任何设计过程，就把我们的交付成果视为有魔力的，能够让人们理解用户体验设计。

我们所做的工作并没有魔力。我们调研，运用启发式方法和开放的假设做出决策并形成文档。只有对研究对象的深刻认识以及启发式方法的基础非常隐蔽，并且所做的假设没有暴露出来时，才可能让人感觉到魔力。组织如此运行也没有问题，但你需要引导同事在大背景下理解你的工作过程，而不是仅仅依据最终结果。你需要把这当作自己的使命。

我们在用户体验工作生涯中发现的最强大的经验法则就是“在别人质疑时讲个故事”。作为具有较强记忆力的社会性动物，人类天生就会对故事的结构作出反应。实际上，在 *The Science of Discworld II: The Globe* 一书中，Terry Pratchett、Ian Stewart 和 Jack Cohen 认为我们的社会结构和生理特征使我们更像会讲故事的黑猩猩，而不是智人。[2]此外，他们还认为人类之所以成为唯一能建立起文明的物种，是因为我们可以通过创造和讲故事的方式来共享同一个愿景。如果故事可以指导文明的创建，当然可以帮你通过下次评审。

一段叙述要成为故事必须具有以下特点。首先，每一个好故事都必须有**开头**、**中间**和**结尾**。将其套用在一段体验上，想想注册表单或进度条所讲述的故事：刚才你从这里开始；当前你在这里；接下来你该去这里。

故事要有**焦点**——一个人物或事件，其他一切都围绕其展开。我们经常讲让一段内容成为某个布局的“主角”或一个足以定义整个产品形态的核心功能。

最后，故事要置于特定**场景**中，才显得真实可信。还记得前面我们为了让人物角色看起来更为可信，为其添加个人细节吗？这跟小说家或剧作家根据背景故事为人物填补细节，使其成为有血有肉的丰满形象是一个道理。

通过这些类似示例不难发现，不管自己有没有意识到，我们在工作中其实就是在不停地讲故事。然而，我们往往希望把干系人直接带入故事中间（**这就是你所在的位置**），而他们距读完前一章故事已经有一段时间了，而且对结尾如何还有点摸不着头脑。

下力气**编辑**故事同样非常重要，也就是只展示设计作品中推动叙事发展的那些方面。低保真线框图非常适合用于编辑故事：因为没有添加视觉设计效果，所以可以防止干系人对你本不想在当前阶段讨论的内容进行反馈。利用编辑技巧，**引导**干系人在合适的时间就当前讨论的层面给出反馈。确保评审所见交付成果的保真程度跟要讨论的层面以及你希望收到反馈的对象相一致。例如，你想收集大家对用户流程的反馈，就要把流程缩小，避免展示每一页上的所有设计概念。只要你仍处于界定待解决问题的阶段，就不要展示解决方案。

你也不要让干系人打破背景。急切（或好斗）的干系人常常跳出来就白板或材料中还没有提到的内容进行提问，或者打断正常流程问一些在你继续讲故事前需要单独解决的问题。合理安排展示过程，确保参会者只能看到当前背景下的交付成果。若他们提出对当前阶段而言还为时过早的问题，你可以回复："我想还是先从头至尾把整个故事讲完为好。请记下你想到的任何问题或建议。我们还会讲第二遍，按部就班地深入探讨这些问题的解决方法。"更好的做法是在会议开始时（或在会议邀请函中）就建立起这种预期，任何打破约定的行为都是对社交边界的跨越。确保所有交付成果都有清楚的标题。若暂无标题，可用其他名称代替，方便干系人记笔记。

另一种防止反馈跑题的好方法是请干系人在你讲第一遍作品的过程中把他们的想法都记录下来。讲解时注意提供充足的背景信息，确保他们跟得上你的思路，但不要解释设计的所有方面。相对放慢讲解速度，让他们有机会审视设计作品，捕捉到任何潜在想法。讲第二遍时，这些想法可作为需要展开主题的出发点。这种反馈收集方法紧扣主题，保证了反馈的数量，同时可以防止在场干系人绕到第一条评论背后展开讨论，从而避免群体思维作怪。

4.3 获得优秀反馈

优秀反馈对于开发成功的产品极其重要。用户体验设计师依靠产品业务领域专业人士的经验，就像他们依靠我们提供其在用户体验领域缺乏的经验。然而质量不高或不可行的反馈意见则有三重危害。一，它排挤有用和可行的反馈，而我们本可以借助这些优秀反馈调整工作以便更接近目标。二，它损害我们和干系人之间的信赖关系。三，若其不具备可行性，我们开启的新一轮工作将毫无方向性可言。反馈对产品设计过程极为重要，若是因为我们没能提供背景致使大家无法给出最高质量的反馈，就是我们用户体验设计工作上的失职。

用户体验的"工作"层面给人的感觉往往是设计交付成果，而展示只不过是一个中间或结束环节，甚至是一件杂务或干扰。多花一小时制作交付成果比起花时间准备展示更像是正经工作，但这种看法其实很肤浅。最理想的情况是，反馈应该提升用户体验质量，但如果作品展示环节没能做好，其实是在邀请大家就质量较差的解释进行反馈。根据这种反馈修改完善作品意味着为了让干系人易于理解而牺牲了用户体验，对用户不一定更好。

评审人员充分理解设计师所讲的各种概念并就此给出的高质量反馈更有利于提升用户体验。高质量反馈不会自己主动送上门来。把原本要花到设计作品上的一小时用到准备作品展示上，你也许无法制作出有形的高保真文档，但也许可以为产品带来更好的用户体验——而这正是我们**真正**的工作。

4.4 总结

虽然产品需要在最终用户面前为自己代言，但我们设计的中间品无法在有不同考虑和目标的干系人面前为自己代言。我们需要用故事解释解决方案背后更广阔的背景，包括其历史、演化和最终目标，而解决方案需要成为这个故事的核心。若非如此，干系人就会泛泛地对设计发表意见，很少动脑筋，以至于在下一轮评审中记不得先前的动机。

4.5 "做展示不提供背景"反模式

我们的工作在干系人的大脑中争夺注意力和优先级。我们无法指望他们准确地回忆起一次次评审的所有细节。我们花大量时间雕琢作品，但只会定期在设计评审会上向干系人展示，背景失衡由此产生。如果我们只是精心展示细节，而没有刷新干系人对背景的认识，我们收集的反馈就只是服务于干系人对更好解释的需求，而不是用户的最大利益。

4.6 你已经在反模式之中了

- 在几轮评审中，干系人给出的反馈意见前后矛盾。
- 干系人仅仅对交付作品的表面给出反馈。
- 你的大部分工作似乎只在微调次要层级，而不去处理待解决的大问题。
- 你严格按照反馈意见修改，但提出这些建议的干系人对改动结果表示不满意。
- 评审会议上，澄清大家对设计意图的误解所花的时间比起展示作品还要多。
- 干系人亲自向别人展示你的作品，收集到不可行的反馈意见。

4.7 如何打破这种反模式

你往往是在设计评审会上意识到自己处于这种反模式之中。然而，这可能是尝试打破这种反模式最危险的时间点。通常，你是在一段颇费情绪的争论过程之中意识到反模式的存在。你可能想界定大家存在的背景失衡问题，但这样做极易被误认为你不重视他们的意见。

如果你选择在评审会上直接解决这类问题，第 11 章讲到的几种模式可以帮你选择恰当的措辞和语气。

如果评审会刚开始不久，你可以退后一步，从下面提供的模式里选择几种为参会者重建背景。例如，**设定话题**和**半镀银镜**可以迅速让干系人跟上进度，尤其是你以“好吧，让我们针对……开始新一轮评审”进行引入时。

然而，打破这种反模式的最好方法是从一开始就掌控评审。进行中的评审就先忍到底吧，下次评审一开始就使用下面宝库中的“武器”全力出击。

4.8 模式

4.8.1 为展示做好准备

告诉他们你要告诉他们的。告诉他们你正在告诉他们的。告诉他们你曾经告诉过他们的。

每次展示，都要准备好要讲的故事。把交付成果按故事进展排好序，并准备恰当的支撑材料：注解、替代视图和便签纸。从头至尾讲完故事再收集意见。提前解释展示期间没有互动，展示完再逐步深入评审作品。不要以能让干系人跑到你前面的结构组织展示。随手拿着（最好写在墙上）为你的决策提供背景的工具：人物角色、地图和原则等。若有尚未参与产品设计过程的新人到场，你需要概括性地介绍故事的发展演变。准备展示时，要把背景失衡这一实际情况时时记在心上，但也不要让干系人了解过多无用的背景。

4.8.2 现场演示

一些组织习惯于明确要求在评审会议之前把展示文稿送达所有干系人，供其在闲暇时浏览。如果听众是主题专家（subject-matter expert），知道如何阅读文稿内容，这样做会有效果。然而，如果其他领域的干系人参与评审，特别是比较难缠的人，就要区别对待。我们必须设定背景，讲述故事，引导团队给出反馈，以成功塑造产品。我们建议你在参会者之间传阅会议议程，让其了解你要讲什么。不过不要向他们展示能让其对作品提前进行评论的工具。

展示结束后，也可能发生类似情况：干系人或客户通常会找你要走设计作品，以便展示给他们的团队。这种要求很棘手。最理想的情况是，我们不想冒着背景失衡的风险把作品展示给他们。然而，设计公司（举个例子）不能告诉客户他们无法带走他们支付了费用的作品！遇到类似情况，尽量给他们带有注释的设计作品，主动提供解释或澄清误解，同时附上收集到的反馈，避免他们重复给出相同的反馈。要求项目负责人预先评判大家就此给出的任何反馈，以保证目标一致。

4.8.3 重塑反馈

别忘了背景失衡意味着干系人给出的反馈缺乏深思熟虑或不够明确。你要把隐藏在反馈背后的想法抖出来。例如，如果他们的反馈是 logo 要再大些，可以尝试发掘他们的潜在疑虑，引导他们发现可能自己关注的是 logo 的可见性。然后捕捉这个反馈（获得他们的认可），而不是原来那个已经被拆解的反馈。对于这个例子，正确的意思不是“把 logo 做大一点”，而是“我们担心品牌形象不够突出”。这样你就拥有更大的空间来寻求解决方案，从而更好地服务于品牌推广和用户。

有一点很重要，你一旦以这种形式获得反馈，就必须停止讨论。问题的根源既已明确，任何多余的讨论对于问题的解决都将是无用功，只会影响你的解决方法，同时还会让干系人在心中设置解决问题的预期，限制你的自由发挥能力。你要告诉他们下次评审会时就能看到对该反馈的解决方案，鼓励大家接着讨论议程上的下一个问题。如果有干系人尝试回到那条反馈意见，告诉他们你已把这个问题列入行动计划。时间有限，请大家关注下一个问题。

在下次评审会上展示对反馈的处理结果时，一定要在前一阶段的背景下展示反馈意见："这是我们上次展示的作品。我们从该作品中得到的反馈是**品牌要更加突出**。请看……"然后展示新版作品："我们是这样解决的。"这样重塑或定位反馈主要优点有：确保正确传达新决策依据的背景；避免开倒车，因为已经清楚展示了不可行的解决方案并将其抛弃；同时让干系人觉得提出这个问题很明智。

4.8.4 设置预期的范围

评审开始前，对于工作的哪些方面可收集反馈、哪些方面还没准备好，要做到心中有数。可能的话，把没有准备好的地方删除掉。开始展示时，先介绍这次要讨论的范围："我们这周讨论登录和注册表单，今天就这两项收集大家的反馈意见。你将会看到导航条和页脚的改动，但由于我们还在调整之中，请不要把它们当作今天要反馈的对象。"如有人尝试就不相关的领域提出反馈，可以提醒他们："因为这里还不是很成熟，并且这次会议时间有限，也许应该留到下次会议再讨论。"

4.8.5 积极确认干系人是否理解

展示特别复杂的解决方案或者理解方案需要特定的知识时，可以问问大家所有内容是否讲清楚了。"我填平鸿沟了吗？""大家感觉这个讲解过程还可以理解吧？""还有人需要我再解释得更清楚些吗？"这样说很重要，即使干系人承认需要更多的解释，也不至于觉得掉价。很多干系人认为他们得保持脸面，因此宁愿不懂装懂，也不愿承认自己真的不懂。

4.8.6 半镀银镜

还记得吗？我们的交付成果通常只展示用户一方的交互，因此提醒干系人某项功能对用户和业务有着截然不同的意义和动机往往很重要。例如，令人惊喜的元素仅从用户角度出发可视为"功能不错，让我禁不住微笑"。若干系人只从被逗乐的用户视角出发，很可能就会否决该功能，认为它增加成本却无法保证效果，除非他们能够从业务角度来理解该功能对于增加用户的积极情绪很关键，可以增加用户的参与度，提升他们向朋友分享产品使用体验的可能性。第一次介绍某一特定元素时，就要先发制人地提醒干系人，你的设计综合了对业务目标的考虑。

4.8.7 告诉他们你曾经告诉过他们的

每次评审会结束时，都概括你讲过的内容和收集到的反馈。这样每个人对接下来的行动才能认识一致。你还可以用邮件的形式总结评审会议，附上你对反馈的回应、其他任务项及相关责任人，下次会议大致的议程也就成型了。

4.9 如果他人用这种反模式伤害你

评审他人作品时，永远都不要忘记潜在的背景失衡问题。在给出你的反馈之前，做好尽力理解对方作品的准备。一定要检验自己能否讲述对方讲给你的故事。如果你讲不出来，表明你错过了一些关键信息，会严重影响到你的反馈能力。

干系人面对变化的背景时，这种反模式就往往开始作怪。这通常意味着项目需求不完整或项目由好几个人负责，而大家意见相左，缺少主心骨。通常，这类问题多由项目经理或产品负责人解决，但如果他们没有意识到这个问题给你带来的不良影响，你可以向他们挑明。

一定要确保他们向你提供了把工作做好所需要的背景：不管是研究和观察结果、业务知识还是产品愿景。如果连你自己都不知道背景信息，还怎么跟他们交流呢?

会议议程示例

会议目标

今天评审什么，欢迎就哪些主题给出反馈。今天不讲什么以及原因。

议程安排

首先从头过一遍整个过程，中间没有互动环节。我希望你们把初步的反馈记在纸上，而且会为此留出足够的时间。我们还会过第二遍，仔细查看每一步。在这个过程中，我们将评估你们给出的反馈。

按功能评估反馈

我将从设计和业务目标两个方面解释各功能。上周是这样设计的；这是大家上周给出的反馈意见。我们根据大家的反馈做了以下改动，体现在设计作品的这些方面。这是我们把用户体验和业务目标结合起来的方式。先问问给出反馈的同事，这样做是否解决了你们关心的问题？

策略检验

评审过单个组件之后，再后退一步，确保设计作品作为一个整体仍可以满足项目的总体目标。我们将检验业务需求、产品愿景、用户体验规则和人物角色，确保前进方向是正确的。

总结概括

接下来总结今天的内容。我们探讨了这些特定的方面，介绍了这些步骤。下次会议时间定在______，之前将着力解决从大家这里收集到的关键反馈。我们将把会议纪要以邮件形式发给大家。谢谢参与，期待下次见面！

4.10 本章术语

- 背景失衡
- 设计背景
- 重塑反馈
- 积极确认
- 会讲故事的黑猩猩
- 情感地图
- 体验地图
- 功能地图
- 服务地图
- 人物角色

案例研究

Live|Work Studio 创始人 Chris Downs

图 4-8 Chris Downs（版权所有：Chris Downs）

我于2001年成立了设计公司Live|Work。在公司里我们发现，向客户推销新型服务概念时，不管我们的想法多么有理有据或有说服力，客户经常找理由拒绝。我们往往只好仓促交付一项具有破坏性的创新服务，但是却逐渐注意到一种模式：一个想法的破坏性越大，客户通常就会找到更多拒绝投资的理由。

我们有过一个从事小型器械业务的客户。这可是一家真正的国际公司，由家族经营，已经有100多年的历史。长期以来，该公司积累的大量器械形成了一个巨大的产品库，能够满足各个市场的各种已知需求。他们的简单要求对我们来说很特别。他们需要进行彻底和破坏性的创新，因为他们的业务已经商品化，传统的器械销售业务模型竞争力不再。

我们团队的设计研究员花费大量时间在全球各市场观察其客户和最终用户，得到结论令人震惊。我们客户引以为豪的长长产品目录在很大程度上是没有必要的。顾客想要的是更少的选择和更快的交付。我们想这个发现对客户来说应该是很有价值的重大新闻。我们能为他们节省彻底更新产品所需要的几百万费用，同时还可以为其精简仓储和供应链管理，从而提升向顾客交付器械的速度。我们的方案真是太棒了！

这个想法非常简单，很有说服力，但是我们却忧心忡忡。我们参加了他们的全球董事会，要在会上向他们逐行介绍顾客不是真正想要或需要的产品。我们知道公司高管会对此非常抵触。我们知道他们一定会解释为什么每件产品都是必要的，如何满足每一个市场需求，以及为什么短小的商品目录是在把公司的优势拱手让给竞争者。因此我们最终决定不向他们游说这个想法。

相反，我们“捏造”了这个想法。我们快速“伪造”了一些工具，让这个想法看起来好像早已存在。我们甚至让它看起来像其他竞争者持有的一个想法。我们从Easyjet那里借鉴了设计语言，仿造出一个非常令人信服的网站，并将其叫作EasyWidget。该网站上只有三种器械（比起客户现有的上千件器械少得多），并承诺下单次日交付。就是这么简单。为了增加激动人心的效果，我们伪造了Google搜索页面，把它加在搜索结果的前面。在向他们展示时，我们假装搜索这位“竞争者”，碰巧搜到他们的网站。这一切都是精心设计的。

到了该向客户展示调查结果和想法的时候，我们告诉他们遇到了一个问题。我们编造了一个故事，说他们的一些顾客提到了一个新的竞争者。我们打开浏览器，在伪造的谷歌页面搜索Easy Widgets进入伪造的搜索结果页。当伪造的EasyWidget网页加载完成后，客户的全球高管团队都惊呆了，一个个嘴巴张得老大。首席执行官干脆地说：“就是它。我们完了。我们无法跟这些家伙竞争。他们会灭掉我们的。”

我们当然非常兴奋，这正是我们求之不得的回应。他证实了我们想法的力量。然而，当我们正要透露这一切都是捏造的，其实这个想法属于他们自己时，营销主管突然站起来，指着我们伪造的 EasyWidget 网站说："我知道这伙人。根本不用担心。我在贸易展览会上见过他们，他们构不成威胁。他们就是爱放空炮，肚里没货。"我们都愣住了。他显然不知道 EasyWidget，也从没有见过他们，因为这一切都是我们伪造的。他努力地保护自己的职业荣誉，不让上级相信这件事在他不知情的情况下悄悄发生，因此撒谎了。

我们最终设法优雅地道明了真相，但是就如何控制这样的一场会议学到了宝贵的一课。你可以影响会议的进程，但是永远无法真正控制它。

4.11 补充资料

- Berkun S. "#23 – How to run a design critique". 来源：http://scottberkun.com/essays/23-how-to-run-a-design-critique/; 2009 [访问日期：2014.12.17].
- Knapp J. "Nine rules for running productive design critiques". 来源：http://www.gv.com/lib/9-rules-for-running-productive-design-critiques; 2013 [访问日期：2014.12.17].

4.12 参考资料

[1] Greville F. *Selected Poems of Fulke Greville*. Chicago: University of Chicago Press; 2009.

[2] Pratchett T, Stewart I, Cohen J. *The Science of Discworld II: The Globe*. London: Ebury Press; 2013.

小提示

(1) 一定留心潜在的背景失衡问题。

(2) 在干系人给出反馈前，确保他们有全面的认识。

(3) 人们最易于对故事做出回应。

(4) 展示作品前，一定要准备好你要讲的故事。

(5) 在你的"后口袋"里准备好更广的背景知识，以备不时之需。

(6) 随时准备好以更加可行的形式重塑或呈现反馈。

(7) 确保你的交付成果易于向他人沟通，让每个人都能看出其体现出的背景。

第5章　不合群

在软件开发领域，我们经常讨论**技能仓库**（silo）。这个名称借鉴自农业中的粮食仓库（大型粮仓，每个粮仓仅存储一种谷物），机构中技能仓库的组织形式是每个仓库仅包含单一类型的技能组：分析、设计、开发和质量保证（quality assurance，QA）等。认为各部门在专注于执行自己的核心职能时工作效率和质量最高的机构，往往会按照技能仓库的形式进行组织。然而，很多公司发现，如果把新产品开发（new product development，NPD）这个因素纳入考量，技能仓库实则阻碍了不同职能部门之间的交流，破坏了软件开发过程。

理想的技能仓库模型是，每个部门都可自由地开发整个产品中他们最擅长的部分，并将其能力发挥到极致。各技能仓库之间通过参照同一份详细的规格说明保证产品质量。这些规格说明要综合考虑各团队可能遇到的限制和极端情况，并且能让各方都理解。在极少数情况下会出现未指明的限制或极端情况，此时规格说明可以快速、简单地修正，只需发起变更请求，沿产品开发链条向上回溯至问题的源头即可。

修正问题的过程可能会引发各种情况，尤其是要解决的问题影响到系统内其他大型模块，产生多米诺骨牌效应。因而，只有各技能仓库之间可就技术限制、设计基于的假设和业务决策背景进行自由而便利的交流，系统才能高效运转。然而实际情况是，该系统显然有碍交流。

以作者的经验来看，大多数从事新产品开发的公司现在已经明白需要打破技能仓库，利用人与人之间自然的交流和各团队之间的信任所能带来的效率来开发产品。然而，很多公司现在仍处于学习如何打破技能仓库模式的阶段，这可能是一个长期、痛苦的组织调整过程。事实上，新产品开发、以用户为中心的设计（user-centric design，UCD）和组织调整之间联系密切，作者认为三者密不可分。用户体验日益成为组织和推动各团队的力量，以促使他们实现我们所定义的以用户为中心的目标。

作为用户体验设计师，我们处于以用户为中心的设计过程的核心地位。这个独一无二的位置使得我们能够驱动组织调整。但是必要的交流和调整只有在我们充分融入周边各团队之后才可能发生。仅仅与他们坐在一起是不够的，还有更多的工作要做。

5.1 你的工作是什么

随着在之后章节更深入地接触用户体验设计，你就会发现用户体验设计有以下两种截然不同的定义方法。

- 用户体验设计是指为了便于机构开发面向用户的产品，制作一组交付成果的过程。
- 用户体验设计是指做一切必要的工作以便把体验带给用户的过程。

作者们更喜欢第二个定义。它给予了我们更多自由，便于调整设计过程，以适应用户、产品和身边的团队。它帮助我们在过程中提升设计效率，找到与各团队交流用户体验的更好方式。不幸的是，很多公司和用户体验设计师都把第一个定义所描述的当作实际“工作”。

据第一个定义来看，在允许的时间范围内尽可能多地制作保真程度最高的交付成果就是最好地服务于业务需求。为了争取最高的生产效率，我们寻找各种防止分心的方法，创建虚拟个人空间，比如戴上耳机，把世界的喧嚣挡在外面。这也许会增加我们输出线框图的效率（请见 14.1 节的“关于心流”），但是周围的团队成员每天都会进行大量交谈，做出决策。如果把办公室的喧嚣挡在外面，我们就会错失参与这些决策的机会。把团队关在外面，实则是将自己置于自己建造的技能仓库之中。

我们为什么要建造技能仓库？因为分心、背景切换和人际互动都存在**认知成本**。一天下来，这会对你的资源造成极大的消耗。然而，像共同创造、结对工作这样深入的团队互动则有利于吸取各方观点，加强团队之间的理解以及提升产品质量，而且效果可能会出奇得好。在本章中，我们希望帮助你尽可能把社交能量用到最具生产效率的地方。

内向者和外向者

阅读本书时，你会发现我们对内向者和外向者做了大量讨论，但这两类人的确切特点分别是什么？大多数人认为他们知道答案：外向者开朗、活力四射，而内向者则害羞、孤僻、沉默寡言。不过真实情况比这更加微妙。内向者也可以非常开朗、充满社交活力，但是会在社交互动过程中消耗能量。相比较而言，外向者则从互动中获取能量。因而，内向者在以饱满的精神回到聚会上之前，有时需要一点独处的时间来为自己补充能量。这也不是一个非黑即白的问题，两种极端性格之间存在一条灰色地带，每个人都处在其中的某个位置。

关于内向，作者（我们俩都是内向者）读过最好的文章是 Jonathan Rauch 所写的"Caring for your Introvert"。该文刊载于 2003 年 3 月的《大西洋月刊》杂志。无论你是内向还是外向，这篇文章都给出了深刻的见解，可以帮助这两种性格的人彼此理解。文章请见 http://www.theatlantic.com/magazine/archive/2003/03/caring-for-your-introvert/302696/。

对于内向者和外向者来说，把自己从个人空间中拉出来都有认知成本。不论你是什么性格，本章提供的建议都适用。

5.2　新的软件开发过程，新的合作模型

软件行业从业者最近几年已经感受到了节奏的变化。互联网和各种应用商店革新了软件交付方式，加剧了竞争程度，并且在不断寻求新方法来满足顾客的欲望。软件开发想要抓住这些新机会，交付新功能的速度同步提升，也就是说，只有更快地运转才能跟得上市场的需求。旧软件开发模型的竞争力不再，让位给了采用迭代形式的新型软件开发方法，以快速响应顾客需求。

成熟的瀑布方法是由规格–设计–编码–测试–发布组成的线性过程。（20 世纪 70 年代，它作为软件开发的反模式被提出！）比起瀑布方法，诸如敏捷开发、精益创业等较新的方法论可创建高度合作的团队，他们能快速响应发展中的市场，更快、更灵活地修改需求。

瀑布、敏捷和精益创业

开发过程自上而下推进的瀑布模型（见图 5-1）于 20 世纪 70 年代兴起，起源于人们把实体产品的开发方法搬到软件开发领域。它由一系列有先后顺序的步骤组成：始于概念，依次经过设计、开发、测试、发版，最后进入维护阶段。每两个阶段之间通常需要"关门"动作，这样公司就有信心在进入下一阶段时，前一阶段的需求已经得到了满足。每个阶段都要输出一个规格说明，由下一个阶段的员工实现。

虽然在理论上讲瀑布模型保证软件按照"规格"来实现，但它无法保证一个阶段的员工编写规格说明时理解其他阶段的需求或实际情况。由于没有留下选择的余地，在下游开发人员遇到问题时，无法选用更佳的解决方案。它也无法应对产品

开发过程中业务实际情况或产品愿景的变更。

由开发者主导，人们对瀑布模型的低效率提出了很多解决方法。21 世纪伊始，这些方法被确定下来形成了敏捷开发方法（见图 5-2）。“敏捷”的定义非常宽泛，涵盖多种方法论，但通常来讲其核心均为迭代过程。在这个过程中，软件能得到及时（just-in-time）的设计、开发和发布，团队成员来自整个企业的各个领域（如果有客户，还会加上他们），团队有权力用自己的方式解决业务需求。敏捷项目没有明确定义的终止状态——开发团队的工作是做实验，找到哪种方案能够满足市场需求。快速迭代意味着企业可以在开发过程中微调产品，对业务情况变更的响应速度要比瀑布模型快得多。这种交互实验模型称作“构建–衡量–学习”（build-measure-learn）。

因为敏捷最初是由开发者主导的，而且迭代框架（iterative framework）期望在下一个周期接收业务需求、输出代码，因此敏捷开发很难在迭代框架内满足整体设计或用户体验理念。

精益创业从敏捷软件开发的核心思想中借鉴了构建–衡量–学习过程（见图 5-3），将它应用到整个业务模型中，积极调整产品各功能的优先级，直到迅速开发出最小可行性产品（minimum viable product，MVP）并将其投入市场，以低成本、低风险验证业务的核心想法，避免浪费时间。然后利用市场对 MVP 的反馈重新指导各功能的优先级，从而对产品做进一步的迭代开发。在精益创业项目工作的设计师经常发现，他们会遇到很多同样存在于敏捷项目的挑战，并且由于整个业务的迭代性质，这些问题往往更为棘手。

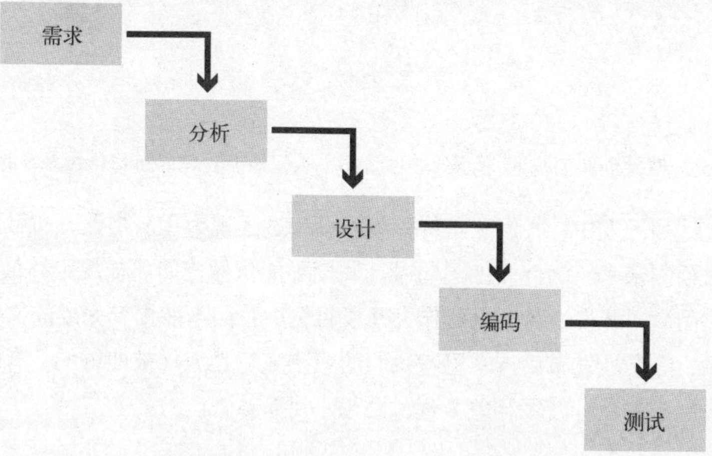

图 5-1 线性瀑布过程（版权所有：Martina Hodges-Schell）

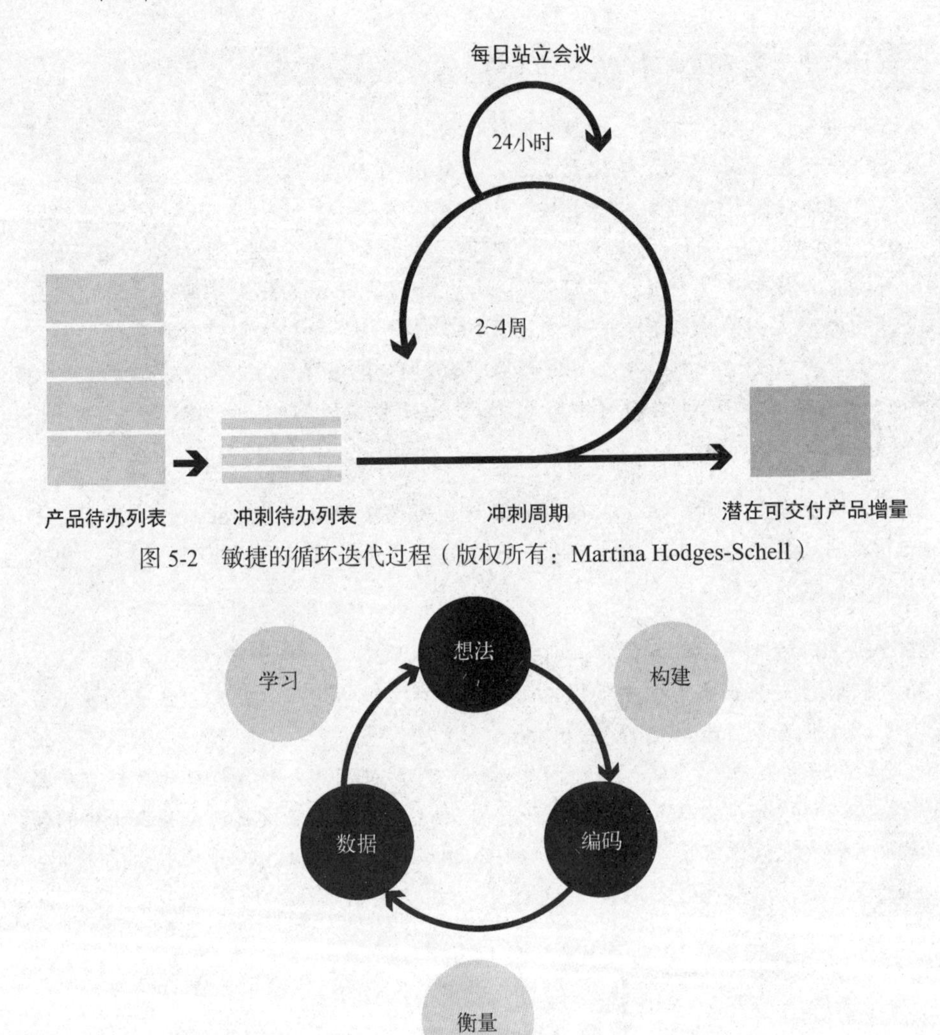

图 5-2 敏捷的循环迭代过程（版权所有：Martina Hodges-Schell）

图 5-3 精益创业的构建–衡量–学习循环（版权所有：Martina Hodges-Schell）

在数字化设计和开发中，我们总是将一些假设和过程视为理所当然，而敏捷和精益承认我们无法预测未来，为此画上了句号。我们不能再像之前那样规定好最终的体验，期望交付作品后，开发人员会以此作为开发目标。我们不能提交完成的文档后就开始下一个产品，等产品发布后再来思考我们的想法究竟是怎样被曲解的；有时最终产品跟我们预先制定的设计蓝图相差太远，几乎不可辨认。

作为设计师，我们需要认识到，那一种鼓励开发者创建敏捷项目管理过程的力量，应该也能鼓励我们去接受敏捷开发：除非你可以预测未来，否则采用瀑布模型开发出的产品和服务无法达到应有的水准。我们的“咒语”是**直到用户跟产品互动，我们的工作才成为体验**。在发现过程结束之后，业务环境、验证过的假设和对开发过程里程碑事件的反应都将调整产品需求，而这是你在之前的文档里无法预测到的。

遇到这种情况，如果要保持以用户为中心，唯一的方式就是作为用户体验设计师继续参与开发过程。如果让别人代替自己进行响应，那么你之前设计的就不是体验，而只是交付成果。如果我们把产品各方面的责任分给缺少相关交流的各个小组，就制造了一个技能仓库——规格说明流进，交付成果流出，并且在过程中无法考虑相关背景。设计决策背后的原因可能会丢失，实现我们工作的其他团队也就没有理由更加喜欢我们的方案。

在不同的工作环境里，我们甚至可能会远离项目流程和决策过程。作者在为设计公司、用户体验咨询公司和客户（从大型网络公司到刚起步的创业公司）工作时，都曾见到过这些情况。设计师通常必须与离岸团队、第三方、外部客户组织和所有的内部团队合作。把你记在笔记本上的想法传递给他们毫无疑问是有难度的。

5.3 在迭代环境中合作

一旦认识到用户体验工作要超越制作交付成果这一点的重要性，随之而来对合作的需求就会暴露出个人技能仓库的破坏性有多大。即使你不想将自己置于技能仓库内，他人仍可能感到你身处其中。下面来看一个例子。有时候开发人员会在某个地方发现，这里的设计跟产品所受的其他限制不符。理想的情况是，开发者找你讨论这个问题，不过这意味着你将无法继续专注于手头的工作。你对此反应如何非常关键。如果你像是因为对方打断你的注意力而被激怒了（即使仅仅表现为非言语信息），那么不论你是否真的有这个意思，对方都会收到强烈的信号：**千万别再来打扰我**。三番两次，你就会发现团队开始自己猜测解决方案而不是找你协商。这种情况甚至在开发者用手轻拍你的肩膀之前就开始了：当你带着耳机、低着头的时候，同样传达了“**不要来烦我**”的强烈信号。

之所以使用开发者找设计师讨论问题作为“我的过失”的一个例子，是因为两位作者都有过自己的设计作品让开发人员进退两难的情况。但是产品交付团队的任意两方之间都可能遇到这种情况，不论是项目经理、业务分析师、负责质量保证的测试人员还是担任其他任意角色的干系人。仅仅在一起办公无法让一组人成为一个团队。你们需要在相同的**频道**（headspace），意思是要知道你们共同的前进方向以及在前进过程中每个人所扮演角色的重要性。一旦认同每个人的角色都很重要，你就能理解为什么要尊重他们，并对他们的造访表示关注。

在本章开篇，我们讨论了工作场合的喧嚣。如果你没有注意听办公室讨论，就失去了参与讨论的机会，而这会影响到用户体验。你的团队可能会碰到有简单用户体验解决方案的问题，但由于缺乏用户体验实践者的深刻见解，他们甚至意识不到存在这种解决方案的可能性。这个道理反过来也成立。如果你想把自己的想法注入设计过程，最好保证自己到场并且抓住它适合的落地机会：此刻，它能解决别人的一个实际问题。

5.4 开放的专注

办公室喧哗的另一面是持续打断人们的注意力，如今大多数办公环境都是如此。我们**需要**耳机。作者显然没有建议你扔掉耳机。问题是如何平衡别人的随时造访和我们高度集中的注意力。

不只是我们感觉这难以做到。开发人员采用敏捷和精益创业的合作方式，为解决这个难题铺平了道路。他们把新的合作方式应用到各种实际挑战中，积累了丰富经验。很多开发人员已经习惯了把外部世界关在门外，然后投入到代码中去，认为持续应对外部世界的变化是敏捷方法最具挑战的一个方面。这是个好消息。它意味着在应对所有相关的反模式方面，你可以和他们结盟，一起实施新的解决方法。你可以在每日站立会议上指出存在的反模式，并在项目回顾和展望会议上用富于战略性的方案来解决。积极解决问题是向同事表明你的目标跟他们一致的好方法。

实现可持续合作

几年前，Martina 主动提出在一家设计公司跟客户成立一个双方充分合作的项目。她那时习惯了在刚起步的跨职能设计团队工作，希望将自己更喜欢的工作模式带入公司与客户的关系。她不是每周在工作坊或每天在站立会议上见一次客户，而是邀请客户进驻设计工作室，跟设计团队共用办公桌。她期望团队经过一段时间可以融合到一起，毕竟这对大家来说都是一种新的工作模式。但令她始料不及的是，比起她曾经带过的合作型团队，这次融合会那么令她疲惫不堪。

她和客户地位平等，就像创业公司的合伙人一样，不过只有一处关键的不同：她和她的团队对客户而言是昂贵的资产，必须投入不低于 110% 生产力的专注力。这个项目的工作方式跟其他设计工作室那种放松却不失努力的方式形成了鲜明

> 对比。她只得充分发挥创造力，实验通过多种不同的模式来平衡合作关系，同时还得尊重他们的个人疆界（personal boundary）。毫无疑问，这种方法交付的项目成果很出色，也为日后如何跟客户合作指明了方向。这其实是一个如何让双方实现可持续合作的问题。

我们不认为当下人们经常使用的敏捷开发是一种完美的方法，而且发现它为设计过程带来一些较大的挑战。但从我们的经验来看，敏捷开发所推崇的合作性及各方对业务目标、用户需求和技术可行性的一致理解使得这些挑战更容易解决。相比之下，同样有很多难题等待解决的瀑布模型，解决起问题来就没那么简单。

但你并不总是这么幸运，有机会在这种环境中工作。有时，你从事的业务类型（例如，扁平的公司结构）或关于项目形态的行政决策（例如，开发任务被外包出去）会强行把你安放到技能仓库之中。

遇到上述情况，你该如何传递背景信息呢？牛津大学认知和进化人类学研究所（Institute of Cognitive & Evolutionary Anthropology）的 Robin Dunbar 比较了多种不同的交流方式，研究它们所带来的情感反应。[1]他发现比起仅用文本交流，人们用声音交流时微笑和大笑的次数更多，离开时的情绪更为积极。更重要的是，在能看到彼此的情况下，被试微笑和大笑的次数最多，离开时的情绪最为积极。有趣的是，被试甚至不需要当面交流——视频会话就足够了！

这项研究表达的含义应该很清楚：你要把工作成果交付给谁，就争取跟他们取得联系，即使只是偶尔用即时通信软件也可以。你可以预先指出开发过程中的改动是不可避免的，并且保证会根据他们的回应进行略微调整，从而表明你们的沟通很有必要。作为用户体验的守护者，你应该有权力确保发布的产品其用户体验跟你的设计没有差别，因此应该将产品开发过程缺少交流机会看作妨碍正常开展工作的绊脚石。

跨团队和跨职能的持续合作是让各方满意的关键，也是开发高质量产品的关键。你可以通过更加密切的合作来强调这一点，让大家听到你的声音、理解你的想法，并且可以尽早进入这个过程来解决设计问题，不然与你的专业判断相左的想法将会进入产品中去。

5.5 总结

虽然把世界挡在外面能让自己感觉工作效率提高了，但往往会导致团队创建的用户体验缺少我们的贡献。我们应该与团队其他成员保持一种自由、坦诚的关系，让他们不仅可以畅所欲言，而且会受到我们的主动欢迎；如若不然，就存在最终产品与预期不符的风险。设法平衡集中注意力和及时与同事互动之间的关系非常有必要，向同事明确传达出他们可以随时造访这一信号同样有必要。

5.6 “不合群”反模式

企业在不断朝合作开发模型转变，这种模型要求更多的人际互动，留给我们专注于工作的时间变少了。如果不能充分跟同事接触，就无法帮助他们实现我们的设计理念，最终得到的用户体验将会很糟糕。如果不能帮助企业找到有效的方式来平衡随时参与互动和集中注意力两者之间的关系，别人将会代替我们定义这些方式，而我们可能无法利用这些方式有效地开展工作。如果向其他同事传递“别来打扰我”这样的信号，即使制定重要决策时需要我们参与，他们也不会来找我们。

5.7 你已经在反模式之中了

- ❑ 你注意到团队在你不知情的情况下做了决策，但你觉得自己应该参与。
- ❑ 你关心从一场会议到下一场会议之间项目的方向是否发生了变化，但从未参与过正式会议之外决定项目方向的讨论。
- ❑ 你在大部分时间里都把自己藏起来，一个人孤零零地忙活自己的工作：
  - ■ 戴着耳机，听不到办公室的喧嚣；
  - ■ 定期在家上班；
  - ■ 在办公室找个安静的角落工作；
  - ■ 在公司附近的咖啡馆里工作。
- ❑ 大家不断要求你临时“插入”团队工作，你感到非常疲惫。团队成员打扰你时，你很生气。

5.8 模式——怎样成为一名好搭档

5.8.1 努力争取见面机会

还记得 Robin Dunbar 的研究吧？要避免尝试通过邮件或其他文本媒介与对方达成一致意见。使用这些媒介，就有语气被误解或推理被忽略的风险。面对面交流，把你的论点跟强烈的情感和表达方式结合起来，可以引导各方的思路，仔细确认他们的理解是否正确，从而使工作更为轻松。即使你无法跟他们当面沟通，语音或视频聊天也能起到帮助作用。沟通结束后，用电子邮件的形式记录你们达成的协议，它是一种出色的会谈备忘记录。

5.8.2 速记员模式

这是我们一直以来最喜欢的模式之一，因为它极其简单。法律速记员的任务是用文字记录话语。这项工作颇具挑战，因为他们必须同时关注两股信息流——所听和所见。执行这项任务时，他们没有多余的带宽留给认知。在他们的视线中晃动或挥手以获得他们的注意当然会起作用，但那是在错误的时间把他们从注意力高度集中的状态拉出来，会让他们听不全录音中的句子或忘记刚刚看到文档的什么地方。这种吸引速记员关注的方法虽有效，但扰乱了他们的正常工作。

法庭工作人员知道，只要把手放到处于速记员视野一角的办公桌上，静静等待就好了。一旦可以停下来，速记员就会暂停播放录音，摘下耳机，面带微笑地转向找他谈话的人，表示不介意对方打断其工作。

向团队介绍这种模式很容易。在刚成立的创业公司，可以说："我今天得集中注意力工作。如果你们找我有事，请把手伸到我视野的角落里。我一旦可以暂停手头的工作，就会立马停下来。"也可以在需要团队其他成员帮忙时，对他们使用该方法。

这样做的好处很明显，据我们的经验来看，整个团队很快就能学会并传播这种模式。如果你们通过在线聊天的方式进行合作，可使用与该模式类似的另外一种方式：提一个轻量、无明确意义的开放式问题。例如，Facebook 员工使用简单的"yt?"来表示"在吗？"（Are you there?）其中隐含的意思是人的注意力不能细化到"在线/离开"这种程度，因此被问话的人可以根据自己的意愿回答这个问题。如果收到问题的 Facebook 员工暂时没有时间，习惯做法是回复一个数字（10、15、30 等）表明多少分钟后有空。

5.8.3 单声道模式

戴上耳机后，要小心它的影响，保证它只是保持注意力的工具，而不是阻碍合作的障碍。可以把一侧的声音关掉，这样当大家对某个问题的讨论多起来之后，即使戴着耳机也可以听见。当同事打破你的私人空间之后，回应他们时别忘了面带微笑。更好的做法是拔下耳机，让音乐扩散至整个办公室。大多数团队都可能会同意在办公场所播放背景音乐，只要音量适当就好。共享音乐播放列表会让每个人都很开心，你甚至可能会从中发现自己会爱上的新曲目。

作者尝试过用多种方法解决戴耳机带来的问题。使用耳罩为后背开放式的耳机，可以使外部声音进入，但它们漏音，其他同事可能会听到微弱的乐曲声。类似地，使用骨传导无线耳机同样可以很好地留意周边环境，但周围同事可能会听到嗡嗡的低音（你听起音乐来效果也不好）。如果同事对耳机漏音不反感，那么使用这两种耳机就行，但我们找到的最佳方案是：使用密封效果好、耳罩后背封闭的头戴式耳机，并且调低音量，关闭一侧的声音。

5.8.4 开辟一块空间

软件开发中各种模式的全部概念都来自于建筑模式。令人忧伤的是，为不同需求建设不同空间的想法在移入软件开发时被丢掉了。杰出的建筑师在设计工作场所时，会安排嘈杂的合作区域和安静的沉思区域。如要创建便于开展合作的工作场合，也应该与之类似。你当然可以找到另外一个空间——可以随意摆弄周围的物品，可以蜷缩在小组讨论室的沙发上涂鸦，还可以在白板前站一会儿。不过有时还是得把注意力保持在屏幕或 Wacom 平板电脑上。

你还可以“开辟”一段时间，要么在上班时间外工作，要么选择一段时间全身心投入。成功后奖励自己，可以让这种时间盒方法更为有效。如果你成功连续 60 分钟集中注意力，可停下来喝杯咖啡或茶。下面的一些模式可帮助你定期或偶尔腾出一段可以集中注意力的时间。

5.8.5 凶煞相模式

这是我们一直以来最喜欢的模式之一。在一家设计公司工作时，James 第一次见大家使用这种模式：公司每位员工都照一张摆出恐怖表情的照片。当员工非常忙，需要聚精会神工作时，就把自己的照片放到办公桌上显眼的位置，同事看到后就知道要为他们留出空间。这种模式很可能被滥用，千万不要早上到公司的第一件事就是把照片放在桌子上，到晚上下班才收起来！要按照一定的规则使用，好让同事知道你并不是讨厌社交。这也适用于聊天软件的状态栏。（不要把“忙碌”作为默认设置且从不改变，也不要带着没有回复的“yt?”消息回家。）

该模式跟单声道模式搭配使用效果很好——只有摆出“凶煞相”时，再把耳机调回双声道。

5.8.6 留意思维与身体的关系

有时，你能做的最好的事情不是防止别人打扰，而是在多次打扰之间最大化你的注意力。尝试探索新的工作方法，看看调整姿势是否可以影响精神状态。James 使用立式办公桌，发现站着工作时的思维更敏捷、效率更高，因为身体将坐着理解为休息的姿势。立式办公桌还可以消除站起来离开办公桌去跟别人交谈在能量上存在的障碍。Martina 发现坐在打开的窗子或天窗边，可以提高她的敏锐程度。她还喜欢在散步的时候解决令人纠结的问题。史蒂夫·乔布斯大部分时间都坚持 “步行会议”，非常有名气。在这样的会议上，他的创造能力能达到巅峰状态。自己尝试其中的一些技巧，留意它们给你的产出带来了怎样的改变。

5.8.7 合理的计划表

制定计划表并取得其他团队成员的认可，可以为自己留出全神贯注的时间。一种方法是划出每天上班后和下班前的几个小时留给自己，因为此时不会安排正式会议。你仍需要应对别人偶尔的打扰，但除此之外都可以集中精力。如果某些日子全天都没有会议，你甚至可以把这种模式扩展到全天。这非常适合用于过程既定且要在一定天数内完成的基于冲刺的开发。

5.8.8 简化工具

确保不会因自己使用的工具而分心，力争在专注工作的时间里得到最大产出。例如，你也许会打开一个功能齐全的文本处理器，把大量时间耗在决定哪种字体和版式最适合自己正在写作的文档上，但是这样做不好。你应该打开一个简单的文本编辑器，强迫自己首先关注内容，稍后再调整其显示效果。找出任务中最需要你集中精力的地方，使用能完成该任务的最简单工具去实现它。当你进入其他阶段时，也许会发现这时再处理分散精力的事情可以耗费更少的精力。

5.8.9 关闭信息源

导致分心的事物不仅仅来自于在同一工作场所办公的同事。互联网是高度精确的分心机器。每一次的邮件提醒、消息推送，以及对背景窗口中网页的不经意一瞥都可以把你从正在进行的工作中拉出来。退出或至少最小化最分散注意力的应用，以充分利用你能集中精力的时间。如果你的手机具有免打扰模式，当你专注于某事的时候，可以考虑将其打开。

5.8.10 后视镜模式

我们通常具有后见之明。我们建议你在项目结束后的总结会议上详细讨论哪种模式有助于帮助员工随时响应他人发起的互动，而哪些模式表现不够好。引导大家提出对你所用模式的改进建议或寻求能够让大家增加工作互动机会的新方法。在项目启动之前的所有会议上，反复陈述这些意图，以尽可能地使整个团队接受。

5.9 别人把你锁在其技能仓库之外，你该怎么办

自己躲入技能仓库是一种极其常见的反模式，你也许会经常受到其不良影响，就像你经常犯该错误而影响别人一样。如果你努力及时响应别人，充满合作意愿，但其他人却主动或被动地把你拒之门外，以下方法可助你获得他们的响应。

- 向他们解释你重视其参与对项目顺利开展所起的作用。有意强调其他团队成员是怎样积极地与同事展开互动，从而使团队合作变得更加轻松。
- 将合作过程变得更加吸引人。作为设计师，我们的任务有助于进行共同创造的工作。了解大方向对于项目成功而言很重要，而且要让团队成员（甚至是没有设计经验的成员）参与到这个过程中。请用你的专业知识指导并安排参与的先后次序。（关于团队工作坊的更多建议请见第15章。）把从正式会议上寻求参与变为从每天的合作中寻求。例如，把某一问题的解决方案写到白板上而不是来回发邮件。
- 在团队成员心目中为你的**用户需求**和**业务目标**建立同理心，激发更多的讨论，把它们作为决策过程的一部分。
- 尽可能鼓励大家在一起办公。找一个大家可以共同工作和交换想法的地方，最好面对面交流。如果不在一处办公，为了增加创造力，可打开视频聊天，这样大家不用安排会议就能听到彼此在谈论什么并且选择加入讨论。如果你在跟外部客户合作，要尽可能频繁地邀请他们到你的办公场所来，而不只是在正式会议上见面。

案例研究

Sarah B. Nelson
Radically Human 公司首席创造力激发教练

图 5-4 Sarah Nelson

吸引员工参与新总部的设计

有一次，我的客户是一家快速成长的软件公司。他们找我帮忙设计一个最高水准的全新总部（HQ）。随着团队设计计划的开展，关于这个公司独特工作习惯的问题猛增。工作几个月之后，设计计划不得不紧急叫停。管理层拒绝购买一套家具，除非设备部门可以证明选用的家具系统支持（而不是破坏）公司文化。

HQ 团队希望我能够帮助重启项目。他们关于新空间的设计理念非常不错，但遇到了一些棘手的问题。一个经典设计难题是，他们意识到自己不了解当用户（这里是员工）真正开始在这个空间里开始工作时，他们的设计理念是如何发挥作用的。由于缺乏主要的设计研究工作，他们不知道该怎么对浮现的问题作答。团队决定跟这些员工开展一系列工作坊以回答这些问题。

搬到新总部是所有公司都要面对的、最能引发员工焦虑情绪的重大事件之一。比起工作，有形工作环境对员工的影响更大——它能影响到你的生活。公司一旦开始重新设计办公场所，员工就变得紧张起来。他们开始忧心忡忡。

几年来从事设计项目的经验告诉我，对于涉及多名干系人的设计项目，其实只有问题的 30%跟设计有关，而 70%是跟交流有关。面对任何一个像这样对个人有着深刻影响的设计项目，人们的情绪反应都是非常强烈的。公司迁址既有非常多的干系人（确切说来，这个公司有 1600 名员工），也会产生非常大的情绪影响。真是一场可怕的风暴。

在与其员工的互动中，HQ 团队感知到工作坊中潜伏着敌意。这个公司对有主见和饱含激情的人引以为傲。最好的情况是，会议上众人生龙活虎、精神抖擞。最糟的情况是，嗓门最大者的意见胜出。这样下来，HQ 团队很担心。

寻求理解而不是被理解

我跟 HQ 团队做的第一件事就是帮助他们站到参与者的角度思考。我想让他们意识到新公司总部给员工情绪带来的影响。我还想让他们发挥想象：在收到参加类似工作坊的要求时，他们希望从中得到什么。我们开展头脑风暴，列出了员工可能拥有的潜在期望，然后研究实现这些期望所需要的解决策略。

前、中、后

在设计改进实践前期，我犯的一个错误是在工作坊工作时把所有精力都放到了工作坊本身。然而，我现在已经明白在工作坊开展前后所做的工作跟工作坊期间所做的同等重要。在花时间设计有效的活动来帮助理解员工的需求之余，我还跟团队一道理清了工作坊的关注对象（哪些在关注范围之内，哪些不在）。然后我们制定了工作坊结束之后的工作计划。

例如，在工作坊结束后，我们和 HQ 团队安排办公时间，一起讨论特定领域的工作问题。我们还安排了管理层会议，向他们全面展示工作坊取得的成果。我们以邮件的形式介绍工作坊的开展情况，重申几个关键点，并在工作坊开始前和结束后发送出去。

参与工作坊所需的原料

我在脑海里回想了一遍参与过的所有工作坊项目，排查哪些元素能够最大程度吸引人们的参与。参与是强迫不来的，需要为其创造一些空间，从而逐步推进。

首先，参与者需要理解要求他们参加的原因是什么。我们从 HQ 团队那里清楚了目标之后，要确保在工作坊开始前、过程中和结束后三个阶段多次向参与者讲述原因，以遍他们明白。

其次，参与者要把工作坊联系到一个共同的目标上。对于这个案例，每个人都非常关心文化，因此我们把文化置于工作坊的核心地位。每当参与者陷入僵局，我们就把讨论引回文化这个主题。

最后，参与者需要准确理解其参与所能产生的力量。在口头上请求参与会招致失败。工作坊期间，我们清楚地知道将会使用哪些信息以及如何使用它们。

最终结果

工作坊系列活动接近尾声的时候，深入参与的共有三个小组，他们确切知道要求他们参加的原因。我们再三向其表示核心团队正为争取他们的利益最大化而努力，因此他们的参与很重要，而且可以继续参与新总部的设计工作。由于这样的经历，这 45 位员工及其团队更可能从新总部中看到自己的影子——就好像他们亲手参与设计了总部一样。最终，核心团队、建筑师和管理层更加清楚了什么对公司和员工来说是最重要的，从而对于有效解决设计中的问题充满了信心。

Sarah 是 Radically Human 公司的所有人。Radically Human 认为产品的用户体验直接反应了公司的健康程度。通过离岸支援、团队建设和领导力培训，Radically Human 公司与其他公司领导层携手培养创意团队可以达到最佳工作状态的环境。公司官网为 www.radicallyhuman.com。

技 巧

记得注意身体和思维之间的关系。饥饿、缺水和咖啡因可能会给你的注意力和合作能力带来影响。找出影响你的因素，根据一天中这些因素达到最佳状态的时段安排自己的工作模式。

探索其他可行的工作方法，寻找适合自己的。例如，有些人发现番茄钟(Pomodoro)可提升他们的工作效率。[2]使用这种工作方式，你设置一个长达 25 分钟的番茄钟，并在这段时间里专注于解决一个问题。闹钟响后，休息 3~5 分钟。每四个番茄钟，休息时间延长至 10~15 分钟。[3]番茄钟的支持者发现背景的切换有助于把封锁在潜意识中的解决方案解放出来。结合凶煞相模式，当你根本没有时间响应团队造访时，甚至可以把每四个番茄钟里的一个专门留给自己。番茄钟并不适合每个人：有些人发现背景切换对他们来说是限制而不是创意助推器。我们这里把它作为很多工作结构中值得探索的一个例子。

我们建议你浏览 Lifehacker.com 和 43folders.com，探索其他方式，寻找适合自己的。注意你自己使用的模式，并围绕它安排团队合作：你也许需要早上的一些时间提升速度，也许下午刚上班时的注意力难以集中。让团队了解你的合作模式非常有必要，再安排工作时，可根据自身注意力何时处于高峰和低谷时段进行恰当的安排。

5.10 本章术语

- ❑ 精益创业
- ❑ 精益用户体验
- ❑ 敏捷用户体验
- ❑ 平衡团队
- ❑ 速记员模式

- ❑ 办公室的喧嚣
- ❑ 持续响应同事造访
- ❑ 建筑模式

5.11 参考资料

[1] Vlahovic TA, Roberts S, Dunbar R. “Effects of duration and laughter on subjective happiness within different modes of communication”. *Journal of Computer-Mediated Communication*. 来源：http://onlinelibrary.wiley.com/doi/10.1111/j.1083-6101.2012.01584.x/full; 2012.

[2] Cirillo F. “The Pomodoro Technique”. 来源：http://www.pomodorotechnique.com/; 2006 [访问时间：2014.12.17].

[3] 具体操作方法可参考人民邮电出版社的《番茄工作法图解》一书（ituring.cn/book/60）。——编者注

小提示

(1) 随着工作过程越来越关注持续合作，我们需要检查自己的合作方法，还有可能微调向团队做贡献的方式。

(2) 抓住机会多交流你的设计思路，在项目流程中多施展自己的影响力。

(3) 通过日常交流，确保项目团队的所有同事都可以找你讨论工作。如果遇到问题，你就能参与决策过程。不要等到正式会议再补上缺失的交流。

(4) 当你寻找空间全身心投入工作时，确保自己没有在无意识中把团队拒之门外。

(5) 主动造访团队中把自己锁在技能仓库里的同事。听不到他们的心声可能会为后续工作带来极大破坏。

第 6 章　设计语言不一致

6.1 举个例子

Martina 加入一个新团队时，吃惊于他们对用户体验词汇的阐释和使用方法。她多年来从事以用户为中心的设计和研究工作，对用户体验词汇的理解跟他们截然不同。这个用户体验团队从来没有听过像“用户旅程”这样的词，它可是用户体验设计工作的基础方法！她进一步调查发现，他们确实创建了用户旅程，但有个同事称其为**用户故事**，另一个同事称其为**任务流**，还有人叫它**经历旅程**，等等。对于用任务流和叙事把一段经历串起来的过程，他们各有各的叫法。

同事们花了大量时间争论我们所说的用户旅程、用户流、任务流、工作流、经历流、经历地图、功能地图、服务蓝图，甚至简单的边框和箭头到底包含怎样的细节。如果把这些时间用到如何更有效地讨论工作上，我们的效率将会有怎样的提升？

即使身为用户体验设计师，也会对这些词汇感到费解。Martina 无法想象客户的感受：单是理解**用户体验**这一新兴领域到底是怎么回事就已经相当困难，更不用说不同的表达方式带来的复杂性。我们是专门研究这个领域的，假如我们对相关概念的表述都不一致，又怎能奢望把我们的理解传达给外行人？

若不能准确交流概念，风险就会蕴藏其中。记不清到底有多少次开发人员询问一项功能时，我们信心满满地描述它，最终却发现在实现过程中，由于用户故事用了一个不同的术语来描述某功能的相关要求，导致开发人员实现的东西虽然从技术角度看是“正确无误”的，但用户体验却很糟糕。

使用不一致的语言来描述我们的工作会给合作方带来困惑，影响决策，因为干系人不清楚我们是在要求他们做什么。

6.2 猜术语宾戈游戏

猜术语宾戈游戏很有意思，适合在一般或正式会议上玩。会议围绕哪个领域展开讨论，就准备一份你在该领域不明白意义但很流行的术语列表，然后根据这些术语制作一张宾戈网格卡片（见图 6-1）。每当参会者（在不经意间）提及一个术语时，就将其从网格中划掉。所有术语都被划掉之后，大声喊："宾戈！"

在你解释或介绍概念时，想象每一位听众手里都有一张写有术语的宾戈卡片，每次他们听到不明白的术语，就划掉一个方格——**尽管这些术语的意思对你来说再明确不过了**。

猜术语宾戈游戏				
开创性	可行的	革命性	杠杆	协同
大数据	独一无二	独角兽	稳健	动态
离线	迂回	前沿	关键转折	精益
敏捷	创新	社交	赋予生命力	游戏化
云	应用	框架	马斯洛需求层次	参与

图 6-1 用户体验领域有很多行话和俗语，制作猜术语宾戈游戏绰绰有余（版权所有：Martina Hodges-Schell）

使用用户体验技术方面的术语前，做好向大家介绍术语并寻求理解的准备。如果他们无法理解，就换用通俗的说法来解释，**是什么和为什么**两方面都要讲。例如："你们见过情感地图吗？情感地图是一种把自己置于用户的角度去理解他们在用户旅程每个阶段所见、所闻、所想和所感的方式。它可以帮助我们理解哪种经历可以激起他们的共鸣，使其感觉得到了支持。”此外，如果有人之前见过这个技巧，可以邀请他们在介绍术语阶段分享自己的理解，以确认他们是否真正理解了。

确认理解总是非常有价值的，即使在用相同名字指代同一事物的用户体验设计师之间也是如此（见图 6-2）。我们往往经过不同的路径最终走上用户体验岗位，因而同一术语在解释上可能有细微的差别。重新创建统一的基准，让大家形成同一套词汇、实现理解上的一致，对工作有很大帮助。

图 6-2　把苹果计算机叫作苹果是一回事，但是设计师很容易做过头（版权所有：Martina Hodges-Schell）

6.3 一致的设计语言

我们都理解使用一致、连贯的视觉语言的重要性。我们在设计作品中使用各种模式帮助用户更清楚、更容易地理解如何使用产品或服务。我们常建议团队和客户使用简单朴实的语言提升易用性和对用户的友好程度。最重要的是，我们坚持为一切“贴”上一致的“标签”，避免使用户感到迷惑。

但是当为自己的工作“贴标签”时，我们在措辞上往往不会那么小心。我们常常忽略把视觉语言转换为一组一致、连贯的术语。当团队研发新产品时，我们要提出新功能和想法。如果我们不为其命名，不能让团队的每个人都清楚它们的名字，那么每个人将自己为其命名——对于同一个功能，大家给出的名字将会五花八门。

第1章讲过，参与产品开发的所有团队如果各有各的语言，创建一款新产品将非常困难。想象一下如果每个人使用的语言都不一样，难度会增加多少。

团队和干系人期望你定义相关产品和领域的设计术语。如果你没能做到这一点，将会导致大家的困惑和分歧，从而把时间浪费在不必要的争辩上。

若2个人对同一功能的叫法不同，干系人就要记忆4个信息：Alice把这个功能叫什么；Bob把这个功能叫什么；Alice所说的X，其实是指Bob说的Y；Bob说的Y，其实是指Alice说的X。

若3个人对同一功能的叫法不同，干系人就要记忆9个信息：Alice把这个功能叫什么；Bob把这个功能叫什么；Charlie把这个功能叫什么；Alice所说的X，其实是指Bob说的Y；Alice说的X，其实是指Charlie说的Z；等等。同一功能的不同叫法导致干系人所要记忆的关系数量为团队成员人数的平方——从我们的经验来看，产品团队通常不止3个人。

更糟糕的是，如果团队没能从你那里学到一组通用的指称，他们自己讨论一项功能时，将使用随意的语言；你要是不在场把他们引回正轨，他们对功能的理解将更加模糊。其他业务干系人提及产品的相关组件时，眼前没有对应的可视化参照物。若没有用名字固定下来，它们的意思就会飘忽不定，或者跟其他事物产生冲突，或者让干系人误以为就是自己认为的那样。这终将导致大家就一组特定功能的成功标准产生分歧，项目因冲突不断只好中止。在产品研发的后续过程中，如果要在这些不一致现象暴露出来之后再行调整，非下大力气不可。

我们在很多项目中见过团队无法达成一致意见，有的甚至最终没能获得干系人的通过，原因莫过于理解上的不足和由此带来的不同期望。仅是如此，破坏性就十分堪忧，再加上因为团队表述混乱，干系人对其持有的信任也会减少，这将为日后工作带来灾难性的影响。

6.4 如果你喜欢它，就应该为它“贴上标签”

做初稿草图时，你就要尽早敲定用语——为它们取一个名字。在一周或一个月之后回头再看这些草图时，它们能够提供背景信息。命名过程可以从为草图背后确定的需求命名开始。召开设计启动会是制定基本命名规则的好形式，可确保每个人在脑海中对你设计的每个对象和你采用的每个过程都有相同的名字，对它们的作用和范围都有相同的认识。

可以在举办工作坊期间这样做，目的是捕获项目需求，了解其范围，澄清其作用和职责。如果你在设计公司工作，这同时是向客户介绍工作流程的好机会。在设计工作的早期阶段，统一所讨论设计对象和活动的名字对于在项目开展过程中设定预期和界限大有裨益。抽出时间向你的团队和干系人解释所有术语，因为有些人碍于面子会掩饰对某些术语的不熟悉。举几个例子来解释你所讲的内容。为这些细节预留足够的时间，如果你没有将其列入会议议程，尤其要注意这一点。

随着设计需求解决方案的日臻完善，你应该给它起一个更简洁、更令人难忘的名字，并确保整个项目团队都采用这个名字。如果你持续维护需求文档中需求和名字的对应关系，将有助于大家的采纳和理解，但要确保用好记的名字作为标题，并在讨论中使用。

为不同的设计路线取一个属于它们自己的、饱含冲击力的简短名字，便于将它们区分开来，也便于决定使用哪种路线。

你应尽早努力把这件事搞定，但真正至关重要的是确保在整个项目过程中，相同的事物都要使用相同的名字。

这并不意味着不能在项目过程中修改术语，但应在大家协商一致的前提下再修改。一旦团队采纳你起的名字，名字的拥有者将是整个团队而不再是你自己。

外化你的想法。把它们贴在墙上。让他人有机会看到你在讲什么。只要有可能，就使用大块泡沫板制作可以方便移动到项目会议上的项目墙，这样可以确保我们向团队展示方案修改之处，而不只是干讲。跟客户一起工作时使用的另外一种技巧是，找一间项目策划室，最好有面玻璃墙。草图绘制阶段，我们让草图朝向室内；等做得差不多、可以展示的时候，再把它反过来朝向室外。可以在墙上贴些便签，方便大家经过时留下反馈和建议。如果你找不到有玻璃墙的房间，就定期邀请大家来策划室讨论。

James 之前的一个客户是一家出版机构，印刷品的主导地位在他们心中根深蒂固，新成立的数字团队需要把想法写到白板上。一开始，这伙顽固的传统出版人在参与数字出版过程时怀有抵触情绪。后来，数字团队突然想到一个主意：每两周一次，把策划室改造为小酒馆，装上显示牌，铺上酒吧用的毛巾。设计师为造访的员工倒饮料，跟他们畅谈墙上所展示的作品背后的想法。这家出版公司的员工进门也许无非是为了喝杯免费饮料，但他们出门时脑子里却已经有了数字化思维。

一条通用规则是，确保总是用固定的名字表示你的设计元素，不要换用其他名字。如果别人用错了名字，礼貌地纠正他们，万不可表现出粗鲁或卖弄学问。

6.5 文件命名的注意事项

虽然看起来显而易见，但还是要强调：当你跟团队一起工作，创建的文档经历无数次修订时，寻找一个有意义且可复用的结构为所有作品命名很有必要。

从经验来看，虽然设计师敏感的视觉审美会让人们觉得他们的文件夹应该井井有条，但实际情况比人们所预期的混乱得多。把设计作品命名为“终稿”或“终稿的终稿”而不添加客户的名字、日期、版本号和作品的名字，会在你讲解作品时妨碍大家达成共识。

我们不想再见到的文件名元素：

- 最终
- 最新
- 新版
- 旧版
- 使用这一版
- 不要用这一版
- 准备好[x]
- （设计师姓名的首字母）
- 尤其不要连用上面任何两个词，比如“最终–最新”

通过 ISO-9001 认证的公司对文件名结构有着非常严格的规定，包括内部和外部版本号。讲清楚质量和可追溯性两者之间的这层关系，是让项目团队采纳版本号的好方法。

虽然对于我们通常制作的非文本交付成果来说，像 GitHub 这样的仓库从技术上看并不总是最佳的版本控制方案，但它们仍然不失为很有用的仓库。借助它们，其他团队成员可以回退到之前版本，切换到出于不同目的而创建的分支，了解交付成果生命周期背后的演化和论证。

如果无法使用版本管理工具，建议你制定通用的命名规范，便于轻松识别每件作品的目的和完整性，例如：20141225–客户名–交付成果类型–版本号。

创建两个文件夹，一个用于存放工作中的文件，另一个存放成品。第二个文件夹中的作品可以供他人使用，不应再进行编辑。在第一个文件夹中更新作品，文件名中的版本号相应增加，之后把可以交付的文件移至第二个文件夹。

6.6 你是做什么的

维护共同术语的一个关键点是，每次看到某事物在语言学方面有更为准确的描述时，要抑制住自己更换术语的冲动。这是非常揪心的事，对用户体验设计师来说尤其如此。我们举一个非常具有代表性的例子：不用看别的，就看看我们行业对各种头衔无休止的讨论吧。把苹果产品叫作苹果是一回事，但我们的情况通常更加复杂。说得轻松点，这会引出用户体验头衔生成器（http://www.aaronweyenberg.com/uxgenerator/，2014 年 12 月 28 日访问）之类的笑话。但是，与他人沟通我们的角色、职责和能力，以便他们理解时，这样做危害极大。

Martina 曾应邀于 2010 年在 UXcamp 上主持过一场会议，主题是关于“怎样向自己和别人解释我们是做什么的”（见图 6-3）。多年来我们曾反复讨论过这个问题，现在难道还是没能解释清楚吗？难道我们不应该早就知道怎样描述自己的工作，并对其作为一个领域充满信心吗？批判性地参与和持续改进对于像用户体验这样一个新领域的成长至关重要，但我们必须小心，精炼词汇的过程不要让外人看来像是假药商人开会。为用户体验技艺建立可信度要花费很长时间，有时更为重要的是去保护这份信赖，而不必过分追求命名的准确性。

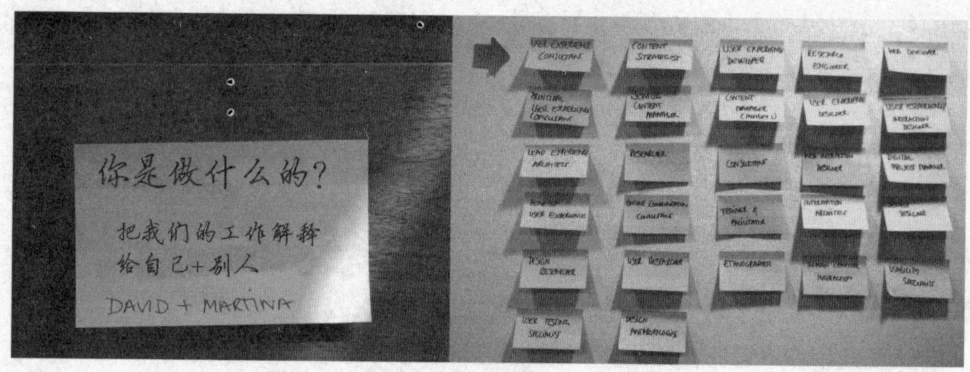

图 6-3 用户体验包含诸多领域，各领域都有技术性很强的名字
（版权所有：Martina Hodges-Schell）

6.7 步子迈得太大

Martina 记得有一个项目，由于设计师使用的设计语言不一致，导致错误百出。这些错误之所以发生，不是因为客户的参与，而是因为内部团队对于他们所使用的术语理解不一致。这会导致我们易犯范围蔓延（scope creep）的错误，并设定错误的客户预期。

(1) 在**工作说明**中混用了多个设计术语，听起来好像是要交付一件作品。但详细分析术语之后，Martina 意识到我们需要交付三种保真程度不同的作品，而这在给定时间内是不可能完成的。

(2) 负责实际工作的领导引入了一个跟交付成果相关的新术语，却没有解释它的意思。随后，当一名职位较低的项目经理请他讲清楚时，受到了他怒气冲冲的责备。他断言，作为项目经理却不知道其中的意思是很不称职的表现。经过一番快速的调查，大家发现办公室里的其他人也都没有听过这个术语。

(3) 团队同意提交一份具有确定形式和内容的文档作为交付成果。团队邀请 Martina 一道完成这项工作，但她没有参与计划阶段。令她惊讶的是，在一次电话会议上，他们跟客户讨论的**服务蓝图**在一份文档中被误标为**用户旅程**，而这份文档的文件名暗示它是**体验景观**（experience landscape）。够让人迷惑的吧？

尽管我们认为自己非常清楚自己使用的语言和交流的想法，并对其做了严格界定，但它们能很容易地摆脱我们的控制。如果作为设计工作的实际操刀手，我们都觉得迷惑不解，又怎能帮助客户和干系人理解我们的工作，怎能更好地为设计过程做出贡献呢？

6.8 总结

保持友善的心态，分享你的词汇，为你所做的一切“贴上标签”，持续使用相同的语言。努力支持和拥护团队内外达成的共识。抵制在理由不足以令人信服的情况下更换术语的的冲动——仅仅为了追求语言方面的准确性不足以成为更换术语的理由！

6.9 “设计语言不一致”反模式

我们永远也不想让用户遭受不一致的分类法带来的困扰，但与干系人交流时，却很容易就会这么做。若不能保证流程、交付成果和设计的功能使用一致的名字，我们就会制造混乱，让他人弄不清楚某一事物是什么及其出处。这种混乱会延长我们所做一切的交付周期，消耗本可用来改善产品的宝贵时间。此外，每一处混乱都为团队进一步的误解和摩擦埋下伏笔。

6.10 你已经在反模式之中了

- 人们使用你不理解的名字来指代某些事物。
- 某项特定功能的成功标准持续变动。
- 团队发现难以表述正在讨论产品或流程的哪个方面。
- 对同一事物使用多种名字：写作时、文档中和交谈时都不同。
- 设计语言变化太快，在没有澄清修改背景和评估修改后是否有助于提升整体交流质量的情况下修改术语。
- 打着“增加价值”或“创新”的旗号，为大家熟悉的工具和交付成果创造新名字。

6.11 模式

6.11.1 留意你的语言

无论何时做演讲，都要留心你的听众和你使用的语言。讨论的目的是什么：阐明观点，获得发现抑或进行辩护？你是否使用了行业术语来加速讨论或表现自己的权威性？这些问题的答案没有对错之分，只有用语和目的匹配程度的高低之分。与别人交谈时，你要习惯将这些问题装在脑子里，这样就会发现自己能更轻松地找到最优方案。

6.11.2 贴标签

养成为交付成果“贴标签”的习惯，留意你用来描述设计工具和流程的词语，从而建立牢固的交流基础，减少后续过程中的疑问。项目之初，你要跟团队所有成员和干系人就所使用的语言达成一致。

6.11.3 做展示时提供背景

还记得第 4 章的内容吧，我们要避免出现背景失衡的情况。在解释你所讲的内容和做展示时，一定要提供先前交谈内容和行动方案（action point）等背景。在听众理解的基础上逐层深入讲解，而不是假定他们已经理解。

6.11.4 掌控过程

推动团队讨论命名法，并掌控这个过程。这意味着你负责提出这个主题，并保证团队理解一致。把术语写到墙上的显眼位置，确保它们是最新的。邀请团队外人士了解项目的状态，确保他们掌握正确的术语。

6.11.5 标签警察

不必羞于向团队推广自己起的名字。刚开始你也许感觉有些尴尬，同事也许会觉得你有点卖弄，但这样做有助于大家采用一致的语言。

6.11.6 术语宾戈脏话罐

在团队内部引入“脏话罐”这一机制。当团队成员使用时髦的行话而不是大家一致认可的朴实团队语言时，他们就要往罐中投钱。

6.11.7 回放

不要害怕像坏了的唱片那样不断重复。如果有人使用了不在共享术语表中的术语，就要请他解释想表达什么意思。然后判断是否有已使用并分享过的“标签”能涵盖这个意思，并提醒他们使用相应的术语。你也可以借机吸收这个新“标签”，用其表述一种不同的对象或行动。

6.11.8 制作工具集

方法卡片是一种非常有用的交流工具，以可视化的有趣方式描述了设计实践中所用的不同工具和技巧。这样的卡片很多，并在持续增加，例如 IDEO 创新方法卡片和 Stephen Anderson 的 Mental Notes™卡片。

制作适合自己公司的卡片工具。**原型**或**用户旅程**对你而言是什么？用来做什么？为其创建供大家使用的定义，这个过程是一次非常不错的内部练习机会。你可以解释清楚不同的工具和用例，针对它们是什么及其最佳使用时机建立共识。

6.12 如果他人用这种反模式伤害你

若他人出于无意或记性不好而修改“标签”，可友善地纠正，加深他的记忆，好让他记得下一次提交交付成果时注意。然而，有时你会遇到这样的干系人，他们对交付成果进行重命名，来表现出强烈的控制欲或积极性。通常，“我真的很喜欢[新名字]……”这句话表明说话人正积极谋求修改名字。会议中很难回绝这件事，因此可安排一次跟他们一对一的沟通，把事讲清楚，让其采纳更好的名字，利用是否有助于大家理解这个理由把他们改名的冲动压下去。

案例研究

Future Workshops 公司用户体验专家 Evgenia Grinblo

图 6-4 Evgenia Grinblo（版权所有：Evgenia Grinblo）

说起从事用户体验工作第一年得到的最宝贵的教训，毫无疑问是下面这条：我意识到客户不能读懂我的心思。

一切都始于非常好的初衷。新客户找我们公司帮忙制定移动端的策略。听到移动策略将依据我们的用户研究来制定，他们很兴奋。这对我们来说也非常振奋人心，因为其他客户一直对我们的用户研究持怀疑态度。这次终于有机会为项目安排专门的研究了。我们安排用户访谈，并使用 Indi Young 在 *Mental Models* 一书中讲述的方法帮助总结访谈数据。[1]

当时我们认为心智模式方法将带来巨大的冲击力。它的优点很全面：以简洁的可视化方式总览数据；将功能路线图跟用户洞察（user insight）对应起来；还能提供可用于业务洞察（business insight）和指导界面设计的文档。为了把心智模式的各部分整合到一起，我们有很长一段时间都工作到很晚。我们跟用户进行多次长时间访谈，得出了一些激动人心的结论，迫不及待地想跟客户分享。

我们很快就意识到，我们的期望还不够成熟。把心智模式发送给远在异地的客户后（还附上了对项目探索阶段的总结），我们期望客户会提出一长串问题。结果却恰恰相反，客户对心智模式研究只字未提，而是询问了跟竞品研究、分析结论和用户调研相关的问题。他们压根没有提心智模式。在这些交谈中，心智模式图就像庞然大物一样在我们心中占据重要位置，却像看不见的幽灵一样被客户忽略了。

这不是我们客户的错。他们缺少相关背景。对从事用户体验的人来说，心智模式图是一种非常有用的工具。但对我们的客户来说，它只不过是一张绘有黄色竖栏和方框的纸，满眼的文字都是他们从没有预料会听到或见到的。我们出于多种原因选用这种方法，但却以为原因是一目了然的，从而忘记向客户解释。

这次经历给我们上了宝贵的一课：一定要邀请客户参与我们选择方法的思考过程。我们学着如何解释每一件交付成果的用途（从布局到功能），用例子证实它们的优点，并解释在特定的会议结束后这些文档可用来做什么。

再次为这位客户创建经历地图时，我们澄清了两件事：这份文档以怎样的方式告诉大家今天的产品决策，以及它能怎样帮助到明天的项目。我们确保从数据中获取对产品的见解，并留下余地，好让大家讨论它们是否跟路线图一致。我们还列出了随后几步的计划，以使清楚地阐释随着项目的进展，经历地图的用途将表现出来。我们没有等客户猜测他们能否在当前的应用迭代之外使用我们的工作成果；我们主动告诉他们可以。

我们学到的最宝贵经验是，在跟客户打交道时，不要忘记自己用户体验设计师的角色。对于用户，我们知道让事情变得简单和明确是我们的职责。其实，对于客户也是如此，尽管这么说可能会让你感到惊讶。从那时起，我们努力讲清楚一切，包括自认为显而易见的事：背景、益处和工作结果。作为设计师，我们对于所用工具的能力了解较多，因为每天都在研究和使用它们。也许我们了解得太多了，以至于假定其他人也跟我们一样。

我们的用户体验过程也有用户，那就是客户。当我们向他们展示作品而没有提供相应的背景时，其实是让他们在不具备我们所拥有的用户体验知识的情况下自己把鸿沟填平。心智模式事件类似于一次变相的可用性测试，揭示了我们所使用的用户体验方法的不足：只是做好用户体验工作是不够的，还需要让我们的客户（以及团队）理解它。

6.13 本章术语

- 词汇
- 命名法
- 猜术语宾戈游戏

6.14 参考资料

[1] Young I. *Mental Models: Aligning Design Strategy with Human Behavior*. Brooklyn, NY: Rosenfeld Media; 2008.

小提示

(1) 使用一致的语言。作为专业人士，我们能用大量不同的术语来称呼同一个事物，即使一些用户体验从业人员也会对用户体验和设计方面的术语感到迷惑不解。

(2) 介绍任何用户体验术语时，都用朴实的语言辅以例子来讲解意思，并确认听众是否理解了你想表达的意思。

(3) 尽快为你所有的工作“贴上标签”，并坚持使用这些术语。

(4) 如果你需要更换“标签”，请考虑改动的成本和价值，并把改动向大家讲清楚。

(5) 文件命名也应该严谨。找到一种比较好的做法，以方便地找到最新文件在哪里，而不是在文件名最后添加一串后缀，比如“最终–最终”“新”或“使用这一版”。

第 7 章　把交付成果扔过篱笆

每个团队内部及其四周都竖着一道道“篱笆”。它们划分出一块块有形的办公区域，定义了不同的职责范围，而且划定了“团队”和“世界”的边界。本章的目的不是尝试论证篱笆确实存在或者其价值。我们更感兴趣的是你遇到篱笆后会怎么做：是目瞪口呆地望着自己世界周边不可逾越的边界，还是放眼边界之外从而实现跨越？

用户体验生命周期中最高的篱笆位于提出想法的我们和负责实现的同事之间——他们的角色可能是设计、开发或产品研发过程中的其他工种。我们希望把工作成果交到他们手中后，他们将完全按照我们的意图去理解。

如果我们希望最终实现的产品或服务对得住我们倾注的爱心、汗水和眼泪，当产品生命周期进入生产链条的实现环节时，仅仅把责任向下移交是不够的，还需要做更多的工作。我们需要保证他们理解我们的想法。

7.1 推倒篱笆

几年前，Martina 在一家新公司开始了全新的工作。她发现设计和开发团队之间有一道坚实的“篱笆”——虽然在大开间办公，但是员工都躲在半高的小隔间里，两个团队之间隔着大约两米宽的过道。两个团队的成员可以看到彼此，但是不相互交流。设计团队为开发人员的实现效果“很差”而倍感挫折，开发人员为设计师的设计效果“无视”实现细节而感到很受伤。分歧双方均将对方看作**他们**，将其视为跟**我们**的目标不和（见图 7-1）。

图 7-1　是时候推倒篱笆了。在产品开发过程中，再也没有“我们”和“他们”分庭抗礼的空间（版权所有：Martina Hodges-Schell）

她主动跟一位名叫 Ed 的开发人员到休息室谈话，休息室是两个团队不用事先安排就能碰头的为数不多的地方之一。他们很快意识到各自团队的痛苦其实是同一个更大问题的不同方面：现有产品交付过程使用的工作方式效率低下。他们两个主动将交流当成分内之事，把共同进行的简报和头脑风暴要达成的目标传递给彼此。这种方法很快在两个团队里推广开来，从而使开发人员了解设计想法，并对设计想法拥有所有权，同时为设计师制作设计方案提供了重要的技术背景。结果，他们得到了一份更为出色的设计方案。它是由技术团队能做什么激发而来的，而不是受限于技术团队无法提供的技术支持。两人的精诚团结使两个团队在更大范围内实现了共同工作。

当你推倒篱笆后，令人惊喜的事就有可能发生。写作本书期间，Ed 和 Martina 喜结连理。

7.2　关于篱笆和其他障碍

若你所从事项目的交付过程使用瀑布模型，或你在咨询公司工作、不跟其他团队合作，这种反模式是很常见的问题。从深层次来讲，以这种方式规划项目，规划者和执行者会在意图上存在分歧。

规划者在制定项目计划阶段追求效率，确保项目参与者尽其才、尽其用。对规划者而言，高效率工作带来的主要成果是按时交付作品：把发现过程浓缩为一段完美的描述，让下一环节的员工可以迅速、轻松地理解。

执行者在项目实现阶段追求效率。他们明白实际工作比理想情况棘手一些，上一环节员工交给他们的作品仅仅是出发点。执行者清楚简短的会议、工作坊期间的简单原型或理论草图有时比思考、规划和制作完整的交付成果效率更高。

规划者和执行者两方对于产品开发都很重要，都有用武之地。重要的是，不要让任何一方处于支配地位。规划者创建的过程可能完全是为规划服务，而且由于规划死板、没有为意想不到的发现留出余地，一旦遇到意外，一切都将被打乱。（如果规划进展到一半时市场环境改变，危机将随之发生。）执行者可能会由于冲动和自发性而在追求有趣的最新思想中丢弃项目的主旨——别指望他们能对项目有切合实际的估计。哪一方都不应该占上风，但存在太多的篱笆通常表明规划者的权力偏大。

寻求规划和执行之间的平衡意味着进行组织调整，而这对很多机构来说是很恐怖的。但作为设计师的我们对生产结果有着强烈的兴趣，而且有一套吸引人们参与并向他们解释怎样做和为什么做的工具集，因此处于强有力的地位，可帮助机构进行调整，以努力提升创造力。你可以作为变革的推动者，让把交付成果扔过篱笆的现象成为历史。要做到这一点，你需要向囿于规划思维的规划者展示执行者潜藏的效率。

为什么这样做很重要呢？当用户体验设计师接到一份设计任务时，如果对方对于该任务由来的方式和原因只给出很少的解释或压根没有解释，并且有人已预先设定好战略方向，甚至对如何“解决”问题给出了明确的指导，那么用户体验设计师就被剥夺了利用自身知识和经验把用户心声带入讨论的机会。用户体验工作是为用户需求和业务目标牵红线。为了给业务带来最大价值，需要向研发过程的上游回溯，在设计用户界面时就要考虑业务需求。

作为一个团体，我们经常问自己怎样才能在会议桌旁赢得一席之地，好把用户背景带入具有战略意义的决策过程。但有时会忘记在我们交付工作成果之后，项目的其他成员也得从用户的角度做出决策，因此需要我们提供相关背景。作为设计师，为了给用户带去最大价值，我们需要确保在完成用户设计之后，设计工作所依据的背景在**下游环节**保持不变。

要小心谨慎地对待你的作品、决策、决策受众和决策的传达方式。没有人喜欢让别人指导他们怎么工作，更不喜欢去采纳别人没有讲清楚的指导意见。

把寻求改变作为自己的分内之事——去探索篱笆外有什么，即使这不在你的工作职责之内或看上去很难做到。如果这样做了，你将会为能够取得的成就而惊讶，看似不起眼的进步将会带来更多更大的进步。

> “我不在乎你有多聪明。你输出的每个设计方案都只是假设。”
>
> ——Jeff Gothelf [1]

软件开发总会做出各种假设：这个平台支持以这种方法实现**这项**任务；这个第三方服务将能带来**那种**级别的性能。我们不得不根据这些假设来做设计，否则就不会有任何进步。然而，往往要等到软件实现过程中，这些假设才会得到检验，对错才会得到验证。在实现过程中，软件的早期 demo 版可能显示平台**不**支持那种方法，或者事实上第三方服务**无法**提供你希望它实现的实时更新功能。遇到类似问题时，你的交付成果无法代替你思考。你需要花时间亲自动手解决这个问题。

即使你不是**一切为了交付成果**（关于如何解决这个挑战，请见下章），一旦把交付成果交给产品生产链条下一环节的员工手中，也就很容易认为自己这项工作任务“大功告成”。特别是工作较多时，你很可能把该任务交给别人，自己转而忙活另外一项有趣或紧迫的设计任务。但这样做会严重影响到即将实现你作品的员工：他们可能认为你高人一等、难以接近，从而不愿意找你解决问题。

这样做对你也有害处。交付成果“大功告成”之后，若不再参与后期实现，你就有可能将日后的评审和验收视作对正在从事的新任务的干扰。这可能会导致你给出就事论事、粗暴无礼的反馈，或致使你忘记设计的初衷，从而错过一些一直以来都没有解释正确的重要细节。

安排开发计划时，优先保证自己持续参与项目，不要躲在自己的世界里。既然不喜欢让不知所以然的其他团队提出各种要求，就需要切实帮助其他团队成员理解设计作品，消除疑惑。否则，交流上的失误将导致开发人员没有正确理解你的设计意图就开始开发产品。

把交付成果扔过篱笆，将导致参与产品开发的其他人员无法理解你的设计所蕴含的决策或意图，剥夺你在产品实现过程中给予反馈的机会，到了生产环节还会有大量亟需解决的设计问题浮现出来。如果可能的话，请跟构建团队（build team）一起解决这些问题。在参与过程中，你将会发现用户体验所面临的一些意想不到的压力，从而可以亲自思考如何解决这些问题。假如你没有参与开发过程，就永远也无法预见到这些问题。

7.3 代码质量

代码质量也许看上去在你的舒适区之外，但绝对是用户体验设计师要考虑的问题。我们这样讲，不是让你编写可用于生产的代码，而是想鼓励你参与对构建团队所编写代码进行的质量保证（QA）评审。这样，你对一个元素的实现是否令人满意就有了发言权。如果不去评审你的设计作品如何被转换为代码，那么你面临如下挑战就没有任何发言权：出现问题如何解决；你的设计意图是如何被误解的；或者出于时间、成本的考虑，需要重新调整范围或去掉一部分功能时该怎么办。这样下去导致的结果是，开发完成后即将上线的产品也许跟你交付的线框图相去甚远。

挑战在于，如果我们没有跟参与项目的每个人建立关系，他们就不会觉得自己有权跟我们讨论工作。如果他们不能以这种方式探索我们在设计时做出的种种选择，就不会信任这些选择。这既能影响到干系人，也能影响到开发团队。因为交付成果不可能完美地囊括你的设计意图，所以总是存在这样或那样的问题。你可能不是故意表现出这种反模式，把自己置于技能仓库之中，但接收交付成果的员工却会认为你是不愿意跟他们交流。

代码质量跟用户体验有什么关系

我们宣称对自己的作品享有“主权”，还要对开发人员的输出指手画脚，是不是有点自大？可能多少有点，但重要的是理解其中的意图。我们并不是提议让用户体验设计师做代码评审！如果开发人员编写的代码质量高，团队可以从直接受益的用户体验中感受到。相反，如果代码质量较差，就会以千奇百怪的方式拖延进度，影响用户体验。

举例来说，高质量的代码具有如下特征。

- 在相互联系的各种功能不受影响的情况下，可轻松修改产品的行为（可响应 A/B 测试和用户反馈）。
- 返工情况罕见，代码的产出以交付承载新价值的用户体验为核心（指用户较少遇到使他们产生挫折感的 bug）。

- ❑ 技术债务得到管理，对用户体验质量无影响。技术债务是指为了发布新功能临时采用，但稍后需要调整的次优方案。（你最终不会听到开发人员说“无法按设计稿来做，因为我们6个月之前‘临时’加入代码基的库跟它冲突，现在剥离这个库的所有依赖包需要3个月时间”。）
- ❑ 最近构建的应用很容易部署，因此你可以拿它们测试。
- ❑ 产品满足所要求的性能标准；如不满足，可对它进行优化直到满足为止（对用户来说它响应能力强，充满活力）。

代码质量差将带来一系列不良后果，其中有些会影响用户体验。督促交付代码的团队修改这些问题很有必要。根据我们的经验，称职的开发人员跟我们有着相同的目标——交付具有优异用户体验的产品。如果代码质量受到批评，可跟开发人员共同提出理由，并向管理层展示。

7.4 寻找案例

面对这种反模式，你可以积极主动地应对：确保自己跟整个团队建立起信任关系；交付设计作品时顺便附上关于如何实现的合理、简要的说明，将其跟业务目标联系起来；积极强调他们可以找你解决理解上的障碍或遇到的问题。

改善交流效果的一种方式是理解开发团队怎样使用你的设计作品。他们需要你交付什么类型的成果？他们需要详尽的规格说明吗？如前所述，文字很难把交互设计描述清楚。如果没有会面时间，开发团队需要哪种形式的交付成果？开发团队很可能需要用户故事来管理项目范围、预估和交付成果。倘若确实如此，你要参与编写用户故事，确保交互行为和业务–设计之间的联系合理体现在用户故事之中。要向开发团队了解他们认为的优秀用户故事包括哪些内容，并将其分享给参与编写用户故事的其他员工。不要因为你理解自己编写的用户故事，就假定开发团队也能理解。从跟设计师打交道的开发者那里，我们听到过各种抱怨，最主要的一个就是用户故事质量不高，为产品实现过程带来了麻烦。

如何编写好的用户故事

用户故事是像极限编程或Scrum这样的敏捷方法论框架收集需求的常用工具（可能也是最受欢迎的工具）。用户故事记录用户需求，帮助团队确定实现产品或服务所需的软件开发工作的范围及各项工作的优先级。

从用户体验设计师视角来看（哇！以用户为中心的需求收集），用户故事用处很大。关于如何编写用户故事才能帮助到使用它们的开发者，这里讲几个小技巧。

使用索引卡和马克笔捕捉用户故事。跟往便签纸上记东西类似（每张便签纸上简明扼要地记录一条内容），用索引卡写故事时不要发散思维，也不要在一张卡片上写多个故事。

从最恰当的人物角色的视角入手捕捉用户故事。例如，如果用户体验的目标是减少注册步骤，那么“时间安排很紧张的上班族妈妈 Susan”这样一个能够赢得开发者同理心的角色就是个不错的选择。匿名“用户”的弹性很大，其思想和行为可能和理解用户故事的开发人员一样。

用纸质卡片便于开展合作。用户故事应该推动团队进行一次交谈。对于敏捷开发项目[2]，面对面交谈胜过任何文档，用户故事是非常棒的交谈助推器。

核心结构

我们最喜欢的故事编写方式称作行为驱动设计（behavior-driven design，BDD），由**叙事**和**场景**两部分组成。叙事部分中，一名角色（例如，用户、管理员或业务人员）有一种需求，满足该需求就能实现一项业务目标（见图 7-2）：

“**我是**（用户角色），**想要**（功能），**以便**（利益/理由/业务价值）。”

例子：我是私人助理 Jane，想要替他人预定航班，以便帮老板安排机票。

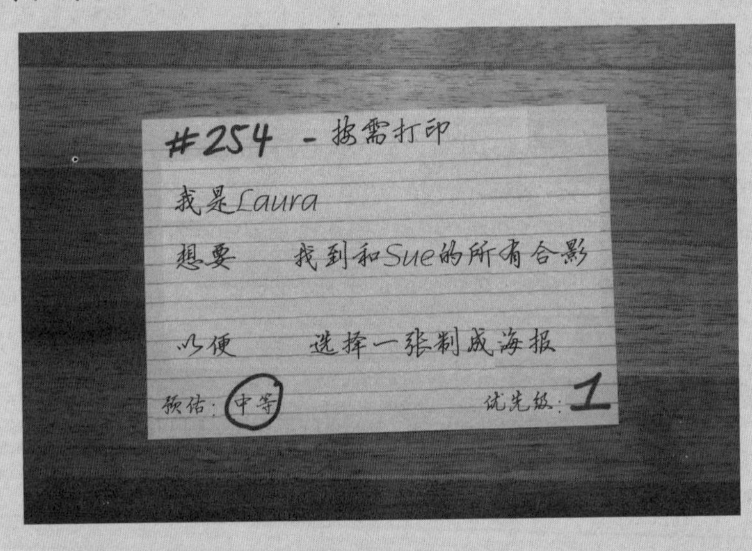

图 7-2 写有编号、标题、预估（实现该功能的难度多大）、优先级（重要性如何）和故事的用户故事卡，故事的主人公为 Laura（版权所有：Martina Hodges-Schell）

BDD 故事的第二部分包括至少一个场景，来描述软件是如何满足既定需求的。形式通常为：

“假定（前提），如果（执行某一行动），那么（结果）。”

场景中的分句可以用“并且”连接多项。

> 例子：“**假定** Jane 已登录**并且**账户还有余额，**如果**她预定一趟航班，**那么**系统从余额中扣除订票所花的费用，**并且**在屏幕上显示确认信息，**并且**以邮件形式把订单详情发送给她。”

故事卡（或跟踪系统中类似的虚拟功能）可包含交付所有功能需用到的多种场景。

在每张卡片的后面，还要附上验收标准。代码需要实现这些目标。

> 例子：可以包含第三方名称和邮件地址。可以用跟乘客没有关联的信用卡支付。

BDD 接收一段对某一功能用户行为的叙事性描述，将其拆分为若干块，其中每一块都能用代码实现，并会给出“是/否”这样的测试结果。这种方式不仅降低了开发人员评估和实现用户故事的难度，还为质量保证人员通过或否决一项功能提供了可靠的依据。这种方式跟线框图和/或视觉稿（mockup）配合使用非常好，可从视觉和行为两个方面描述一项功能。

编写最佳的用户故事

- 编写用户故事需要团队协同工作。你可以借此机会把业务团队和构建团队拉拢进来，便于他们了解你的设计意图，也便于你了解他们的需求。
- 一个非常有用的建议是，编写用户故事时，使用你创建的人物角色来描述不同的用户，而不要笼统地使用“用户”一词。这样做可以避免创建令人生畏的“弹性用户”，让团队成员对用户产生各不相同的理解；我们本来是要通过某一角色识别一类真实用户的需求，结果却把这个角色扩展为所有用户的代表。保证开发团队清楚人物角色，以触动他们的同理心，让其理解人物角色的能力。
- 编写故事时，使用简洁和朴实的语言。
- 确保各种场景和验收标准与线框图和视觉稿所表达的一致，这样开发人员和质量保证人员就不用纠结以故事的哪种说法为准。
- 别忘了用户故事卡并不是完整的故事。Ron Jeffries 的 3C 原则提醒我们，要围绕某一功能多次交谈（conversation），若是对交谈结果满意，就可以用故事卡（card）把交谈内容和确认的事项（confirmation）实体化，便于追踪整个过程。[3]

需要避免什么

- 模糊或冗长的任务描述。应把流程拆分为一个个更为简单的任务。
- 从自己的视角编写故事（“我是一名设计师，想要……”）。
- 从业务视角出发编写多个故事，尤其是在涉及用户交互时。（“我是业务人员，想要追踪各项指标，以便对市场偏好做出响应”的表述很好，但“我是业务人员，想要让用户发表评论，以便他们创建一个社区”是更好的措辞，彰显了对终端用户的价值。）
- 编写故事时，没有在“以便”部分讲述用户故事带来的业务价值或用户效益。有时表现为重述“想要”，例如“我是用户，想要登录，以便能够登录”。应该深入理解实现用户故事能带来哪些效益。
- 编写故事时没有附上明确的验收标准。若没有验收标准，开发人员和质量保证人员就不知道成功实现用户故事后能达到什么效果。

故事卡助你起步，帮你编写长度合适的用户故事，辅助你安排工作任务的优先级。使用有形的卡片还有另外一个好处：大家在工作场所一直都能看到它，因此团队成员或团队外感兴趣的人瞥一眼故事墙就能对项目进度有个大致的了解。当然，还有很多数字化用户故事管理系统，比如 Jira 或 Pivotal Tracker。它们很好地模仿了真实的故事墙，同时增加了更多细节，有的甚至可以为故事附上线框图或草稿的扫描件等文件。我们不建议用这些系统替代真实的故事墙，除非团队分布在不同地区或已养成高度自觉的习惯，知道要经常查看虚拟的故事墙。

讲到带宽，请记住在交互性方面能够击败交谈的唯一方法是在交谈时**一起绘制草图**。从头至尾全面讲解你的解决方案，在过程中把每一步都用草图表示出来——最好使用对方的业务术语，这是确保把你的理解传递给对方的最强大工具之一。如果你需要向规划者证明这种方法的合理性，就要在其能理解的项目背景下，找机会展示这种方法的威力。例如，你可以像对用户旅程那样绘制和微调项目的生命周期吗？对于在他们大脑中根深蒂固的项目，你能讲一个有关的故事吗？

每个项目团队中都有相互对抗的角色——虽不是彻头彻尾的敌对，但他们在创建产品过程中保护的各个方面相互矛盾。项目经理要保证项目按时间计划进行且不超出预算，自然就会跟主要负责产品功能范围或产品质量的角色（例如 Scrum 专家或用户体验设计师）产生对抗。这很常见，也正是我们要以团队形式开展工作的原因！规划者寻求可衡量、可预见的效率，这没有错，但我们知道人类大脑工作方式是杂乱和非理性的。共同创造的高效方法包容杂乱和不理性，不能让规划者认为我们寻找这种方法是错误的。

如果有人对设计过程提出挑战，你要清楚其角色的关注点是什么，寻找能够消除他们疑虑的杠杆，让他们知道自己关切的问题已得到解决，只不过解决方法不一定是他们预想的那样。

> “以生产为基础的社会仅仅具有生产力，还谈不上有创造力。”
>
> ——Albert Camus[4]

7.5 保持相同节奏

改变对人和组织来说往往是充满压力的经历，比如人们围绕如何整合敏捷和精益用户体验撰写了大量图书和文章。采取措施逐渐增加共同工作的机会。弄清楚你怎样跟他人一起工作，并且这样做能给他们和自己带来什么好处。你不必跟其他团队的步调完全一致，但保持相同的节奏非常有助于使你和他们的工作流彼此呼应，从而实现较高的效率。

举个例子，在 James 曾经工作过的一家公司里，产品开发严格地受周期为两周的冲刺过程（sprint process）的驱动，产品团队只是在每个过程快结束时才对冲刺（sprint）进行响应。产品开发方式为一层层地堆积功能。在冲刺 *n* 的任何时间点，设计团队都有可能接到将在冲刺 *n*+1 添加的功能的规格说明。最终，当设计师完成方案时，很自然地发现需要解决之前没有预料到的问题，反馈和返工如噩梦般随之而来，在规划敏捷迭代时所定下的节点通常会被打破。

James 草拟了一种冲刺节奏，在冲刺 *n* 的第一天召集需求收集会议，为冲刺 *n*+1 如何设计作品做准备（见图 7-3）。这改变了团队规划敏捷迭代过程所采用的对话方式，负责用户体验和设计的员工可以讨论需求而不是被动接受规格说明。这还为设计团队是否继续接受需求设定了截止时间——只要仍有足够的时间来处理就可以。为了保证对业务需求的响应能力，他们预留出一段时间，如有必要的话，可以设计在当前冲刺后期要加入的功能，几轮冲刺过后就不会再有这种需求了。

在第一周的草图讨论会上，展示设计师的方案，邀请产品团队审查、评论并贡献他们的想法。然后，在冲刺规划会之前几天，大家对最终的设计作品进行评审，达成一致意见后，再附上用户故事。

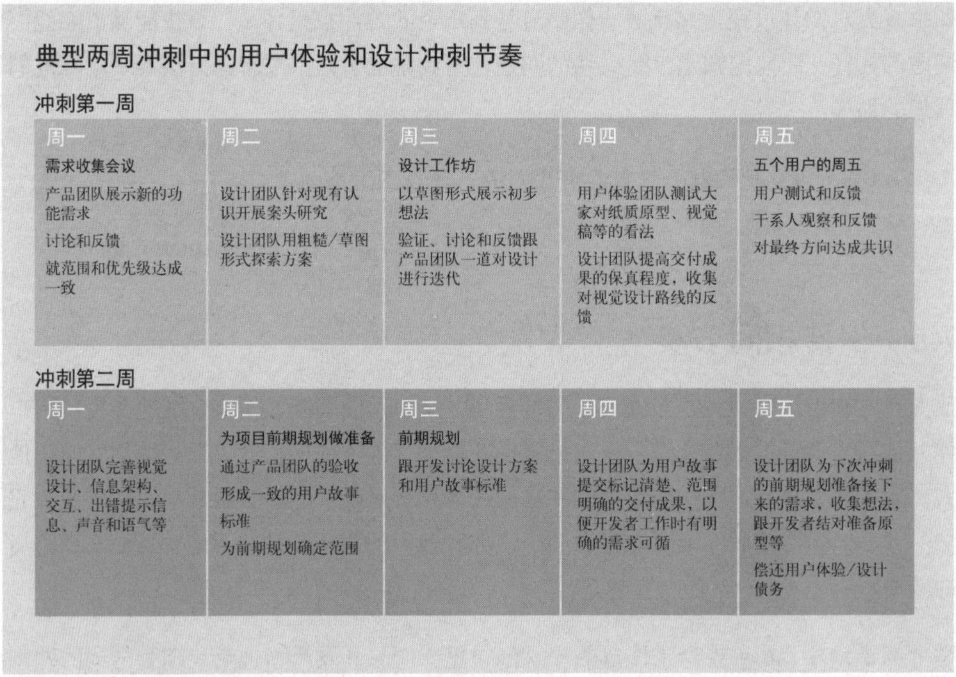

典型两周冲刺中的用户体验和设计冲刺节奏

冲刺第一周

周一	周二	周三	周四	周五
需求收集会议 产品团队展示新的功能需求 讨论和反馈 就范围和优先级达成一致	设计团队针对现有认识开展案头研究 设计团队用粗糙/草图形式探索方案	**设计工作坊** 以草图形式展示初步想法 验证、讨论和反馈跟产品团队一道对设计进行迭代	用户体验团队测试大家对纸质原型、视觉稿等的看法 设计团队提高交付成果的保真程度，收集对视觉设计路线的反馈	**五个用户的周五** 用户测试和反馈 干系人观察和反馈 对最终方向达成共识

冲刺第二周

周一	周二	周三	周四	周五
设计团队完善视觉设计、信息架构、交互、出错提示信息、声音和语气等	**为项目前期规划做准备** 通过产品团队的验收 形成一致的用户故事标准 为前期规划确定范围	**前期规划** 跟开发讨论设计方案和用户故事标准	设计团队为用户故事提交标记清楚、范围明确的交付成果，以便开发者工作时有明确的需求可循	设计团队为下次冲刺的前期规划准备接下来的需求，收集想法，跟开发者结对准备原型等 偿还用户体验/设计债务

图 7-3 敏捷迭代节奏示例（版权所有：James O'Brien）

改善是惊人的。几轮冲刺之中，需求收集会议能够向前看三四轮冲刺，这提升了产品的连贯性。设计工作所花时间减半，因为反馈更加及时，而且原型采用的保真程度使改动起来代价较小。设计师很高兴，因为他们拥有了更多的影响力；产品团队也高兴，因为他们看到由于设计师的加入，方案看起来更为出色。这种额外的能力使得设计团队有机会参与和阐明产品的整体策略。

7.6 项目进展中的合作

在很多情况下项目相关团队都是分散的：你们可能是为相同的公司工作，但不在一处办公，不在同一个时区或不用同一种母语。若你在外面的设计公司工作，客户会经常邀请你负责一部分工作，但不总是鼓励你跟其他干系人合作，因为干系人可能还没有指定，抑或接收你工作的团队还没有组建或正忙于另外一个项目。

本章至此向你展示了参与团队其他成员工作的各种理由。若存在其他障碍阻止你这样做，比如地点或语言，运用这些技巧向项目管理者说明合作的理由就显得尤为重要。你也许得运用好几种技巧，或努力说服公司花钱购买克服距离障碍的技术方案。

对产品研发的其他过程也要有兴趣。大家共同努力实现的方案若有一些“无法完成”，不要等自己回到工位再一个人去苦苦思索。相反，你应该跟其他团就设计意图、障碍和什么样的方案能够满足所有人等问题达成共识。

待在团队中。做好参加站立会议、规划会议和项目回顾会议的准备。向团队承诺你可以抽时间和精力参与会议。尊重规划会议和项目回顾会议——参与各种讨论和活动，不要出现人在现场、心却在手机上的情况。

新型合作技术不断涌现，例如语音聊天、屏幕共享和协同编辑。试试哪种技术最适合你们团队，留意别人在使用什么技术，因为它们也许能够更好地解决你的问题。一些比较简单的做法就能让项目沟通变得大为不同，比如开启 Skype 视频会话（或 Google Hangout）窗口对准你们团队，这样别人也可“顺便拜访”，了解你们正在做什么。

花点精力跟大家搞好关系，可以考虑营造一段快乐的时光。边喝啤酒边分享你的见解和对用户体验的看法，这样做有助于增加信赖。

如果其他团队的工作语言跟你的不同，为了交流顺畅起见，你可以额外制作一份视觉效果图。

7.7 交付出色产品

跟本书所讲的其他反模式一样，我们鼓励你调整工作方式以生产更加出色的产品，看着自己的想法落地，跟交付团队的其他同事更为密切地协同工作，以便把想法变为现实。

7.8 总结

对用户体验设计师来说，我们的交付成果像是完美的成品，但它们其实只是产品蓝图。我们需要向接受它们的员工尽可能进行有效的解释。在实现整个产品或服务的过程中，我们还应随时准备好解决没有预料到的用户体验问题。只有这样，我们才有希望看到项目落地，认可开发出的产品并以它为傲。

7.9 “把交付成果扔过篱笆”反模式

我们移交线框图之后，用户体验设计工作并没有完成。产品设计生命周期充满各种假设和猜测，经过检验之后，也许需要对其进行改动和折中处理。如果我们只是把成果扔过篱笆，不去应对后期开发阶段出现的任何改动或需要在设计上让步的地方，这些问题就会由别人来解决，而他们在安排优先级时，并不会从以用户为中心进行设计的角度出发。

7.10 你已经在反模式之中了

- 你不知道交付成果会交给谁或由谁去实现。
- 你不知道交付成果有多少受众。（开发人员？品牌方？业务人员？投资方？……）
- 除了所在小组的成员，你很少跟参与产品过程的其他员工说话。
- 比起开发人员的实现结果（我们的工作变为**用户体验**之处），你更关心自己的设计作品能否通过评审。
- 在开发过程中上演用户故事之前，你没有跟开发人员讨论过这些功能。
- 开发人员不知道他们可以找你交谈。
- 开发人员不跟你谈论某处设计问题，结果实现的产品在这个地方出错。

7.11 模式

7.11.1 向规划者宣战

若项目计划将富于创意的角色置于仓库之中，以至于在实现阶段，最终产品的各个方面缺少专业人士参与，你可以回绝这样的项目计划。识别项目结构背后所隐藏的规划者的思想，想方设法向他们解释你的设计过程如何跟他们的目标保持一致。即使你要接着开始做另一个不同的项目，也要确保在日程表中安排好跟当前团队的交流时间。

7.11.2 明确价值主张

向规划者展示协同工作带来的高效率，鼓励规划者接受打破团队技能仓库的好处。比较花点时间到用户体验上和对一项主要功能进行返工的成本。若是用这种方式表明你参与的重要性，你就能变为消除实现过程风险的守护者，对规划者有更大的吸引力。

找机会宣传自己的价值主张：比起论述你**需要**或**应该**在会议桌旁有一席之地，论述你能为专业知识、质量或效率方面带来**更多**要好得多，即使前者也是事实。

寻找你力所能及、同时能够让规划者参与创造过程的小改变。在确定冲刺节奏这个例子中，James 最先让大家接受需求讨论会这种形式，为设计师创造了机会：为他们留出时间，并使其了解相关背景，以便给出最佳解决方案。规划者之所以同意这么做，是因为他们期望达到 James 承诺的效果，并且喜欢这种层次清晰的方法。效果得到证实之后，产品团队内部协作更为密切，对于如何改善创造过程提出了很多雄心勃勃的建议。这一次小改变的成功为整个组织中各层级和各团队之间更宽广的合作开辟了道路。

7.11.3 碰面和打招呼

如果你发现自己不知道都有哪些团队会用到你设计的交付成果（例如，在设计公司的组织结构中），坚决要求各方全部参加项目评审会。你要主动去了解他们；调整工作坊的形式来倾听他们的心声。坚持要求客户跟生产团队见面对于交付成功的用户体验至关重要。（至于具体做法，可从 1.4.1 节找到一些很有帮助的想法。）

7.11.4 推倒篱笆

不要让开发人员习惯你的缺席。四处走走，找他们报个到，让他们看到你，做好交流的准备，确保他们不**允许**你把交付成果从篱笆上扔过去。

友善地对待整个团队，以便他们召集站立会议或项目回顾会议时，你可以不请自来。我们建议你学习如提升回顾会议效果的技巧，好以此为借口要求参加本来“仅面向开发人员”（你也应该努力改变这种认知）的会议。只要开发人员开始研究如何实现故事卡，就要告诉他们你会把你的设计成果移交他们，还要重复向他们表明这一点。告诉他们，你要带负责质量保证的员工参加他们的会议，以确保大家在整个开发周期里对故事的目标理解一致——不了解产品价值的开发人员可能会因此动摇。每一位开发人员在其职业生涯中都有过跟负责质量保证的员工就故事卡上的细节进行争论的经历。

还记得 Martina 是怎么遇见她丈夫的吧——在一处开发人员和设计师共用但不是用来开会的空间。寻找这样的空间以便认识其他团队成员。开门见山地赞扬或感激对方最近为你做的工作，这样做有助于打开话匣子：“嘿，谢谢你在上一轮冲刺中接受用户故事，你救了我一命。你要是对于如何快速编写故事有任何建议，为什么不坐下来喝杯咖啡聊一会儿？”第 1 章讲过的“正式会议前后的会议”也可以用于这样的场合。

7.11.5 捍卫设计

> “你需要了解设计作品是否满足了项目的业务目标。你说的是‘设计’，客户听到的却是‘艺术’，那么每个人都感到不舒服。像客户雇用的设计专家那样去工作；如果需要的话，提醒他们雇用的是一名设计专家，而他们的任务是成为业务专家。”
>
> ——Mike Monteiro，*Design Is a Job* [5]

让业务知识掌控在业务人员手中，设计知识掌握在设计人员手中。永远保持开放的心态，为了产品着想，愿意时刻向业务人员推荐更优的创建过程。以友善、平易近人的方式分享你的经验，使得业务各方知道他们可以向你寻求建议，不必顾忌。同理，避免根据设计去改变产品策略方面的决策。像业务人士那样展示业务方面的问题。

7.11.6 构建你的防线

干系人可能不解释需求背后的业务逻辑就把它扔给你。但是我们如果只是去实现没有真正考虑用户就做出的决策，就不是在设计用户体验。因此，我们的工作包括：回绝没有提供背景的初步设计需求，充分理解需求所蕴含的价值，以及探索怎么更好地发挥专业知识去满足用户需求。你越是尽可能频繁地邀请干系人参与解决用户需求的过程，向他们展示你为了解决需求问题而用到的各种经历和见解，他们往用户体验过程投入的价值就越多，向他们说明设计时为什么要加大以用户为中心的力度就更加容易。

7.11.7 保持相同节奏

其他团队的工作模式若有碍于你完成工作且麻烦不断，你就没有必要强迫自己接受他们的工作模式。我们鼓励你寻找这样一种工作模式：你和团队成员可以找到行得通的共同工作的方式；以这种方式工作，每个人都能获得把工作做好所需要的输入和输出。请记住，绝大多数业务人员都没有设计师所拥有的宽广的设计要求和设计技巧视角。以更好的方式去宣传这些内容，提升团队的创意，是我们的分内之事。

7.11.8 追踪低效率的情况

确实要开始返工时，我们往往已经记不清楚决定返工的最初缘由。追本溯源，弄清楚原因，以便大家在开展下一个项目时意识到技能仓库为交流带来隐性成本。确保把这一点作为项目记忆的一部分写入项目回顾。

7.12 如果别人将交付成果扔过篱笆，你该怎么做

- 坚决要求跟他们开展一次对话。
- 毛遂自荐，充当团队之间的联络员。
- 邀请人们加入共同设计会议和工作坊，让他们参与到你的设计过程之中。

7.13 本章术语

- 用户故事
- 敏捷
- 规划者和执行者
- 项目节奏
- 隐藏的效率和隐藏的低效率
- 对抗性角色

7.14 参考资料

[1] Gothelf J, Seiden J.《精益设计：设计团队如何改善用户体验》，北京：人民邮电出版社，2013。（第 2 版图书主页为 ituring.cn/book/1939。——编者注）

[2] “敏捷宣言遵循的原则”. 来源：http://agilemanifesto.org/principles.html [访问日期：2015.1.4].

[3] Jeffries R. “Essential XP: Card, Conversation, Confirmation”. 来源：https://ronjeffries.com/xprog/articles/expcardconversationconfirmation/; 2001 [访问日期：2015.1.4].

[4] Camus A. *The Rebel*. 1951.

[5] Monteiro M. *Design Is a Job*. A Book Apart; 2012.

小提示

(1) 眼光要突破你所在团队的局限。还有谁参与创建这项产品或服务？

(2) 弄清楚谁将使用你的作品来实现你的用户体验方案，知道怎样跟他们沟通。如果你的团队跟他们的团队没有明显的合作关系，你要承担起协调人的角色。

(3) 理解项目中**规划者**和**执行者**两方的不同目标，解决他们的需求和关切的问题。邀请他们参与共同设计会议，利用这个机会帮助他们达成共识。

(4) 参与整个交付过程，确保你在问题解决方案中所做的假设随着新见解的加入而更新。

(5) 用户体验设计师要关注代码质量。我们不是期望你去编写具备生产质量的代码，而是鼓励你参与质量保证评审，确保开发人员正确实现了你的设计意图。

(6) 帮助编写实用的用户故事，把你的设计意图转换为实用的开发任务。使用人物角色而不是“弹性”用户，避免为“用户是谁”和“他们想要什么”留有宽泛的解释余地。

(7) 跟参与产品开发过程的其他团队保持相同的节奏。全力以赴参与到整个开发过程中。

第 8 章　生活在交付成果之中

"唯一的问题在于地图……地图不是领土。"

——《浪人》(1998)[1]

用户体验设计师跟交付成果之间的关系很奇怪。我们想尽可能把工作做好，但是如果忽略工作的最终目的是打造一款产品，就有可能把过多精力投入到制作精雕细琢的交付成果上，而不是让其更好地解释设计意图。

第 5 章讨论的是“不合群”。这种工作方式使你无法跟团队密切合作，也无法借助团队来形成自己的想法。还有另外一种情况，也会导致你错过和团队之间的关键合作机会，本章将对其进行探讨。

8.1 展示效果最好的交付成果

用户体验刚晋级为正式学科之初，Martina 参加了一场会议，当时团队仍在为如何交流用户体验苦苦思索。他们制作了一面展示交付成果的墙，分享精心制作的作品，比较不同作品的用户体验，让大家作为一个群体共同学习。这面墙激起了大家很高的兴致，引发了对其中的一些例子的溢美之词。她最终在最佳交付成果比赛中夺得第二名。想起这事，她感到有点难堪——事后一想，她认为他们偏离了正规，把交付成果看作美丽的照片或雕塑来瞻仰，却忘记了交付成果其实是用来以可视化形式呈现我们的想法，从而辅助对话的。

用户体验这门技艺有不少地方取法于视觉设计。实际上，很多视觉设计师在职业生涯中自然而然地转到了用户体验岗位。树立以交付成果的形式保障公司产品质量的这种观念非常好，但是质量分为很多种。所有的设计作品都应该能够传递它的设计依据和背景，只是因目的而异，表达方式有多种。

如果交付成果的保真程度不合适，我们就没有机会收集反馈和开展合作，甚至更难讲清楚自己的想法。例如，不是所有干系人都能读懂线框图（虽然绝大多数干系人以为他们可以），因此在他们看到完善的视觉稿之前，不会注意到页面布局的某些方面。

但是到这个时候才发现，就多花了冤枉钱，多做了很多相互关联的决策，留给返工的时间少得可怜。草稿图比起线框图也许费时更少，但却可以承载跟线框图同样多的想法，并且呈现方式更易于一些干系人理解。用草稿图收集反馈很合适，能够引导大家把关注点放到恰当的对象上面（例如，流程是否正确），并且草稿图的改动成本最小。

我们要尝试用交付成果做什么呢？它们不是终极目标，而是介于发现过程和交付过程之间的一步。它们需要以最合适的方式把我们的思想具体化，使下一个环节成为可能。这并不意味着高保真度就是我们的敌人：向董事会展示产品概念时，也许只有当董事会成员看到产品概念最终表现形式的闪光点时才会接受。还有对某项体验做用户测试时，只有呈现正确的视觉形式，用户体验的情感方面才会显现出来。但是在设计过程的早期阶段，交付成果的保真程度过高将让干系人感觉已经得出了结论，或者因为改动成本太高而不值得再提问题，从而影响发现过程。

最近，James 跟一位资历较浅的用户体验设计师一道工作，为重新设计某个网站而进行的发现过程准备材料。这位同事热衷于表现他对该项目的责任感，多花了几个小时时间来打磨审计过的站点地图和他建议重新调整导航的提案，该提案是用 OmniGraffle 软件制作的信息图。他的作品是 James 见过的最漂亮的用户体验交付成果，但却没什么用。产品负责人（product owner，PO）给出的评论是，她感到“从头至尾彻底思考的工作已经完成了，没有要补充的了”。PO 应该参与决策过程但却没有参与，所以对继续推进项目没有把握，这个项目面临搁浅的危险。为了扭转这一局面，他们举办了工作坊，让 PO 跟其他同事一起合作，在白板上用便签纸完成卡片分类活动，从而解决了这一问题。PO 感觉她对新导航结构背后的设计依据有了更深入的理解，能够与用户体验设计师达成共识。既然她获得了自信并对这种设计思路拥有了所有权，就能向公司更多人宣传它的优势。

交流我们的想法意味着理解受众：他们的需求、欲望、能力，以及与产品有怎样的接触。交付成果必须满足能推动项目前进的某个目标：促成有利于决策的交谈，支持能获得可行性见解的测试，或让团队接受一种理念，确定团队前进的方向。所有这些因素需要不同类型、保真程度的交付成果。如果我们忘记这一点，制作过于复杂、只有用户体验设计师才能理解的交付成果，或者制作过于精雕细琢、让干系人感觉不便再发表批评意见的交付成果，或者没有把足够的用户体验具体化来使得测试有意义，就无法满足产品的需求。

干系人验收通过作品之前，可能会要求你提供精确到像素级别的视觉稿，从而使你很快陷入这种反模式的泥淖之中。干系人若抱有这种期望，就看不到你在产品开发过程中改善用户体验所带来的价值，只会把你精心制作的文档看作你的输出。

8.2 对话而不是讲座

我们都知道一图胜千言。但是，图像一场讲座，却不像交谈。我们已经进化为社会性动物，对我们而言，交谈和故事有更高的带宽且更易于记忆。

如果你不停地打磨交付成果，就会将改动视为对你辛苦得来的劳动成果的破坏，而不是将其看作对假说的检验。下大工夫打磨交付成果之后，干系人只能对很少的小毛病发表意见，这会让其感到他们的唯一选择要么是全盘接受，要么是全盘否定。更糟糕的是，在仔细雕琢交付成果的过程里，你跟其他人没有交流。往自己的作品中“增加定义”，实际是在添加新的、没有经过验证的假设——在假设的基础上再做出假设，风险随之增加。

不要假定交付成果能够传递你的所有想法。如果一件交付成果能完美地传递需要实现的用户体验，它本身就是用户体验。为团队和目标用户留出讨论的余地很重要。在交谈的互动过程中，可对假设和预见进行检验。通过交谈，我们可以轻松地权衡团队已理解哪部分内容并将其跳过，挑出他们不理解之处并予以详细解释，从而对设计意图达成共识。

8.2.1 记录数字化用户体验的难度渐长

你怎样在静态页面上记录错综复杂的用户行为?

在数字世界，我们创建的用户体验不再是交互性只限于文档之间链接上的静态文档。我们创建的用户体验模块化，很灵活，这种情况越来越多；我们将屏幕视作流动的画布而不再是死板的网格。交互在原地产生，用动画来传递具有各种能力的特性或线索。内容策略要求内容区域支持多种媒体资源，至少能支持文本、图片、视频或同时支持使用以上三种媒体资源。

传统的静态交付成果往好处说最多只是对当代界面所要求的灵活性思维的猜测，往坏处说，是对这种思维的扼杀。如果一件交付成果足以包括产品的方方面面，那么它就是产品本身——制作过程也与制作产品过程相当。这不是我们需要达到的目标，尤其是在以迭代方式进行的“测试并学习”环境下。

8.2.2 提防宜家效应

宜家效应指的是，人们为自己投入精力制作的东西赋予与之不相称的价值（见图 8-1）。[2]

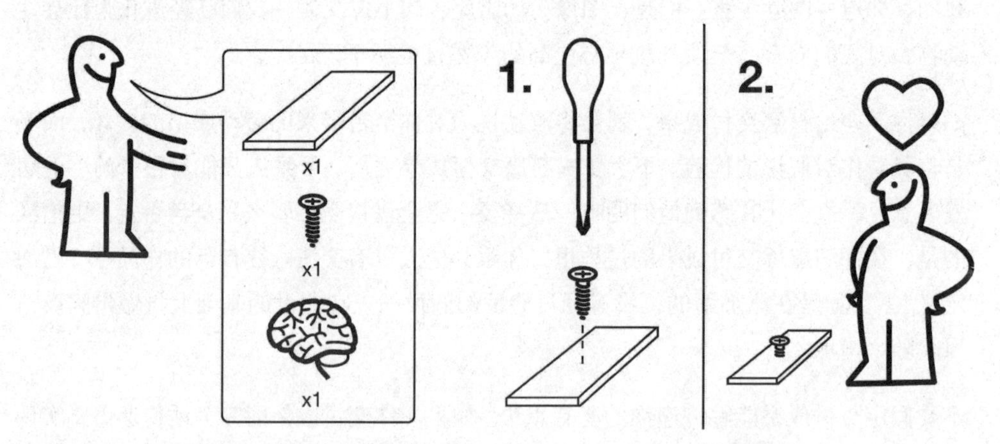

图 8-1 宜家效应［版权所有：James O’Brien（向宜家致歉）］

投入的精力越多，为其赋予的价值就越多，就好比我们没有看说明书就把宜家家具组装起来并引以为豪一样。这是一条你需要知道的重要的用户体验准则，也是一种应该避免的具有潜在破坏力的反模式！

我们的想法会不可避免地包含一些假设。创建产品过程中不可或缺的一部分就是检验假设，查看其中哪些可以被证实、哪些需要抛弃，因此改动是不可避免的。但是如果我们对交付成果精雕细琢，达到很高的保真程度，宜家效应就会反咬我们一口：我们会很不情愿做出干系人或开发人员要求的改动，从而被误解为采取防御姿态或顽固不化。我们真正应该做的是，为了实现创建最优秀产品的目标积极响应改动需求。无法响应改动需求使得我们看上去骄傲自大，成为别人眼中的绊脚石。（我们将在第 11 章讨论宜家效应可能会引发的其他一些问题。）

讨论交付成果的质量时，其实是在讨论如何让深层的思想可见。确保所有文字拼写正确，使用真实的文字和数据，描述交互时该上图就上图：这些都可以展示你对产品的理解，阐明你的想法，不至于让客户分神而影响反馈质量，进而加深你和客户之间的交谈。乱数假文或“希腊语”占位符（假）文本和其他用假文本来表示内容的方式只能搅乱人们的大脑。位于线框图中间位置的一大块乱数假文是表示广告正文还是一段长长的法律声明？除非用真实的内容让作品具体化，否则两个不同的观察者也许会得出截然不同的结论。要特别注意你添加的假设，在交付成果中把这些假设暴露出来，抓住讨论机会。

不管接收作品的人是跟你在一个团队还是属于客户方，为其设定期望都很重要，这样他们才能理解你的交付成果为什么使用这种保真程度。向他们解释清楚你采用的保真程度便于灵活决策：易于返工，改动成本小，省时又省钱，并且还为参与设计过程的每个人提供了参与机会。请记住，在恰当的时间使用恰当保真程度：今天，若要跟团队探索一个假说，画幅草图就很好；明天，若要向客户展示，也许使用较高的保真程度更合适。如果客户看到草稿心里不舒服，你可以向他们解释这只是第一步。每一组想法都应该伴随原型从低保真向高保真演化。

8.3 合作，合作，再合作

> “用户体验设计师应该鼓励、支持和推进合作。这可以通过不同的技巧来实现，比如设计工作室、头脑风暴会议、交谈、协同发现、用户测试及观察、顾客访谈，还有允许团队的每个人参与到设计过程中，例如开展草稿会议。”
>
> ——Alexis Briton[3]

捍卫用户体验并不意味着你对其定义拥有唯一的所有权。项目和产品的成功与团队每个成员都息息相关——通常，干系人地位越高，所承担的风险越大。他们得信任我们提出的方案，因为如果对方案的风险级别放心不下，他们有权踩刹车。

增加他们信心的方式之一是给予其对用户体验定义的一定程度的所有权。在决定如何交付最佳产品时，通过放开创意过程，更多地扮演引导者和助推者的角色，我们可以让团队其他成员参与到设计中来，并向他们投入感情。这样他们不仅能更好地理解方案，还会努力解决遇到的挑战。

跟自己具有创意或与其他富于创意的人一起工作不同，推动他人的创意是一种不同的技能组合。从事传统非创意职位的员工也许会将这个过程看作难以理解的魔法，或感到他们的贡献在主持会议的“专业人士”看来毫无价值。你要推参与者一把，帮其认识到他们能够打破自己为自己分配的角色。

我们喜欢鼓励人们动手画草图（见图 8-2），但这不是鼓励他们从更具创意的立场看问题的唯一方式。收集一组情绪板（mood board），把要点用特写形式表现出来；或把打印出来的材料裁剪开来，对里面的各要素大洗牌……这些方式都可以为设计过程做出贡献，并且无须经过艺术院校的训练就可以完成。他们的贡献越多，产品质量的提升（通常）就越大。

图 8-2 合作设计会议（版权所有：Martina Hodges-Schell）

在这样的会议上起引导作用，意味着不仅要不遗余力地鼓励好想法，还要敏锐地处理糟糕的想法。我们将在 12.7.5 节介绍的模式是温柔地把火鸡重塑为雄鹰的好方法。

主持合作性质的会议有很多种不同方法，网上有大量相关资源。我们建议你探索其中的一些方法，看看哪种能够跟你的创造天性、听众和手头的任务产生共鸣。

8.4 留出合作的空间

你无法强迫人们变得有创意；只能创造放松和愉悦的环境，降低障碍的高度，让他们感受到你在鼓舞他们做贡献。比起由桌椅组成的传统工作环境或会议室，创意空间带给人的感受大为不同，可以帮助参与者打破为自己分配的角色和设置的期望。

我们意识到彻底重建工作环境不现实，但是不用建筑工人到场也能获得最大的收获。跟改变一个机构创意过程的其他很多方面类似，从小的改动开始通常很有帮助，展示创建简单、便宜的创意空间的价值，为谋求日后更大的收益带来可能性。创建创意空间不需要找建筑师，也用不了半年时间——只要调整一个房间的摆设，把所有桌子推到墙边、搬走椅子，鼓励人们走到白板前面，而不是老老实实地坐着看别人在上面写写画画，这样做就可以激发人们的创意。

设计工作室非常适合调整为创意空间，因为白墙上有很多空间。如果你没有易于使用的墙，就自己动手来做吧！背面为泡沫材料的板子很轻，易于搬动，用来张贴草图和便签纸再合适不过。

设法让团队的工作区处于每个人的视野之内。与其将 8 名员工分成两排背对背坐，你能把他们安排到同一排、都面朝同一方向吗？

一切物品都是可用来展示想法的潜在界面。Dry Erase 油漆可将墙体或桌面变为一擦就干净的绘图平面。液体粉笔可以将窗户打造成背光式布告牌。将绑有大钢夹的线绳小心翼翼地钉到墙体高处或悬挂到高处的管道上，在不允许使用海报泥（poster putty）或大头针时，可用来悬挂打印件。

为突破办公环境而布置的空间，给人的感觉应不同于办公区域。确保你坐在比椅子还要矮的地方——坐在沙发、懒人沙发或垫子上——鼓励大家放松身心，让思想的形成和表达更为自由。更换颜色也可以帮助区分两种不同的空间，将参与者的大脑设置成一种新模式。

若会议对创意思维和参与积极性有着更高的要求，不要让参与者坐着或处于低头垂肩等低能量的姿势。鼓励他们站起来或坐在高脚凳上，使他们持有高能量。这样，他们只需把腿绷直就能消除阻挠参与的障碍，而不用费力地从舒适的椅子上站起来。

利用厨房的社交力量。为他人泡一杯茶或冲一杯咖啡是强有力的社交礼仪，可凝聚团队，建立信任。这也是一种更加安静、更加随意的聊天机会，大家可将办公区域的拘谨抛在脑后。逐渐把这种力量扩展开来，通过为小组讨论室增加咖啡馆所使用的布景，努力把它打造成办公区域之外利于大家突破自己限制的区域。

8.5 更精益、更简陋的用户体验

各种组织日益意识到构建–衡量–学习这一敏捷实践在整个产品生命周期中的价值，积极采用精益产品开发。他们将假设变为假说，并用最小可行产品（MVP）以尽可能低的成本对其进行测试。然后把从 MVP 学到的知识反馈到由一次次迭代组成的产品开发周期。构建–衡量–学习循环对用户体验来说非常棒，因为它把进行中的测试和对用户的洞察分析整合到了产品路线图中，但这也意味着我们要调整制作交付成果的方式来响应敏捷开发。

走出交付成果的狭小天地

Jeff Gothelf 和 Josh Seiden 反思作为设计师怎样才能向产品和服务开发增加价值，抓住了走出交付成果的狭小天地这一精髓。他们力劝我们关注设计工作所带来的产出（直接结果）和影响（长期结果），而不是关注交付成果（精确到像素级别的文档）。

走出交付成果的狭小天地

(1) 什么意思？
精益用户体验重新把设计过程的注意力从团队创建的文档转移到团队产出上。随着跨职能合作的增加，干系人在进行会谈时较少关注正在创建什么作品，而是更多关注正在实现怎样的产出。

(2) 为什么这样做？
文档不能解决顾客的问题，优质的产品却可以。团队应当把关注点放到了解什么功能对顾客的影响最大上面。团队用来获取该知识的作品却与此无关。真正相关的是产品质量，其衡量方法是看产品的市场反应。

共识

(1) 什么意思？
共识是团队在一起工作的过程中建立起来的集体知识。它是对空间、产品和顾客的充分理解。当墙上挂满传递共识的作品，团队围绕项目建立起稳定的行话时，你们就已经达成了共识。

(2) 为什么这样做？
共识是精益用户体验的通货。团队对正在做的工作和这样做的原因理解越一致，就越不需要依赖二手报告和详细文档来继续开展工作。

以上只是 Jeff Gothelf 和 Josh Seiden 在《精益设计》[4]一书中所讲的诸多核心原则中的两个。该书包含大量实用模式和技巧。

8.6 原型制作

我们相信要在合适的时间为了达到合适的目的而创建合适的交付成果。虽然草图非常适合在早期探索阶段和为达成战略层面的一致意见时使用，但在真正解释你的观点或推广你的概念时，一定要制作具有交互效果的原型。再次强调，我们不是要制作整个产品，而是交流各种想法并在此基础上完善原型。

原型是用于展示而不是尽告知义务的。如今在大量工具的帮助下，无须深入了解编码知识就能制作交互原型。这些工具学起来很快，只要把意图表达清楚，即使代码无法达到生产质量也没关系——目的是用来展示设计师想表达的用户体验。我们倡议设计师应具有代码素养（理解功能是怎样实现的，对产品开发有怎样的影响），而不是要求设计师具有全栈开发技能。（除非你想这么做。）

只要网页原型适用于你的项目，并且这些技术用起来很顺手，你就可以从日益增多的库和框架中选择需要的，并直接在浏览器中制作原型。可以用这种方式快速把自己的想法做成交互式原型，轻松地用于收集用户反馈。同时，对于你所设想的交互方法，也可以得到大家的即时反馈，以便做出更加自信的设计决策。（例如，滑动操作从理论上看起来非常简洁，但是你会注意到若重复使用该手势完成一项常见任务，很快就会让用户分神，引起他们的反感。）举个例子，Martina 最近尝试在一个项目中使用 Bootstrap 原型库。虽然学习该框架花了她一天时间，但她现在能用它测试新服务的核心功能在不同平台上的表现了。

如果网页原型能够满足自己和项目的需要，你会发现有大量工具在不断涌现。我们无法向你推荐单一的工具。由于纸质书的自身特点以及工具和框架的快速发展，我们只能向你简单介绍各种工具，帮你从按照规格说明制作高保真原型的工作方式向快速以迭代方式测试设计假设的工作方式转变。我们发现 Emily Schwartzman 这篇比较各种原型工具的文章非常实用：http://www.cooper.com/journal/2013/07/designers-toolkit-proto-testing-for-prototypes。

依自己的开发工具集而定，这是跟开发人员（有时是跟原型设计师或创意师，取决于你在工作场所扮演哪几种角色）一起工作的好机会。跟开发人员结对工作，你拥有更多的机会来探索如何把想法转变为交互式原型。你还可以使用真实的数据来检验功能，这样做的优势很明显。通常而言，你们在一起工作能对一项设计难题提出新思路，而这可能是你自己想不到的。

制作原型的工具和技巧很多，你可能不知该如何选择，下面给出一点说明：我们在探索哪一种设计思路更为有效时，发现大家对关于各种工具争论不断，这让我们倍感挫折。这跟讨论摄影技术时争辩该用什么相机、镜头和滤镜类似——设备无法让你成为一名伟大的摄影师（在我们的工作中是设计师）。要考虑的是如何定格我们的想法。

只有用户跟原型交互时，原型才能起到原型的作用，你才能了解你的设计理念对目标用户来说是否可行。否则，你只是在制作可交互的演示原型。

8.7 如果你在设计公司工作，该怎么办

在设计公司工作时，跟这种反模式抗争还要面对其他挑战。传统的公司模式不仅在设计师和干系人之间树立起一道篱笆，还挖了一条壕沟。客户想要看到能不能赚钱，但是因为他们跟设计团队只是偶尔接触，向他们介绍设计理念的价值更难。用于界定公司职责的工作说明也许会明确指定要创建哪种类型的交付成果。所有这些因素都削减了用户体验设计师在推动改进交付成果创建方式方面的灵活性。

然而，公司模式存在改变的可能性。随着客户开始要求公司创建更复杂的产品，设计公司模式在处理这些需求方面的局限性开始表现出来。用户体验设计师推动改革的机会随之产生。跟客户服务部门协商，把工作说明改为新的表述形式，我们能更灵活地决定交付哪种成果。设置合理的客户期望，解释选择恰当保真程度背后的依据（按照第 4 章所述，在大背景下进行展示），这样做可以从客户方发力，推动设计公司采纳更精益的工作方式。最终结果是，设计公司不是向客户推销交付成果，而是向其出售更好的产品或活动效果。鼓励客户服务部门开展对话，让其认识到探索更有效的工作方式符合每位员工的利益。

我们不是在宣称改动公司模式很容易在一夜之间完成。我们所讲的是要在市场上保持竞争力。对于破除陈规是法则，改变不断加速的市场而言，那些没有改变自己研发过程的公司将被变化甩入泥潭。用户体验设计师是使公司适应这种变化的中坚力量。

8.8 收集用户反馈

来自真实用户的反馈至关重要，需要经常、定期向用户收集反馈——最理想的是每周一次。把收集用户体验这项工作纳入团队工作流程，内化于团队文化。把每个人都吸引到这项工作中来。

关于如何收集定性反馈以用于设计研究，如果你需要这方面的指南，我们推荐 Andrew Travers 编写的 *A Pocket Guide to Interviewing for Research*[5]。

这是走出交付成果的狭小天地、精心实现更有意义的用户体验的最佳方式，因为你对自己的想法可以跟用户产生共鸣充满自信，你还能够影响团队，让大家把重点放到解决设计问题上，远离对像素级别完美程度的追求。如果你坚持使用最低的保真程度，可以做更多的用户测试。贴有便签纸的草图怎么样？很棒！用 Photoshop 制作 10 页精美的页面？它只会浪费我们的测试和迭代时间。

纸质原型可以根据用户的反应快速调整，在原有基础上逐步完善，而达到完美程度的视觉稿或交互式原型则做不到这一点。从另一方面来讲，由于用户最终看到的视觉处理方式不同，他们对行动号召的反应也许会千差万别。低保真有助于收集高质量的用户反馈，因为这样的交付成果看起来不完美，改动时不至于让你感到投入过多。高保真有助于验证哪种颜色、图像和精心调整的布局对用户最友好。首先思考你想测试哪种假说，然后再决定在会议上使用哪种保真程度最合适。

对于这种反模式，你可以采取积极主动的态度，重新树立你对交付成果所起作用的理解。仅仅把交付成果看作是为了让产品开发能够进入下一个阶段而制作的，不要对它抱有过多期望。要认识到交谈使用的带宽要比文档高得多，并且具有增进信任这一额外的好处。

将交付成果的重要性调低至 90%可能很难，也许会让你产生恐惧感。如果我们仍将交付成果而不是研发的产品或服务看作最终产出，那么就难以放手。

你也许需要寻找新的方式让客户签收你的作品，让交付成果变为建议而不是承诺。

在项目启动阶段，抽时间解释你的设计过程，以及可以期望从用户体验团队拿到什么样的成果。举几个例子，展示你在项目过程中怎样使用工具、设计过程是怎么安排的，以免他们的期望与实际不符，防止干系人给出不相关的反馈。

8.9 总结

关注交付成果所能带来的产出及其影响，而不要只关注交付成果本身。我们使用的文档制作工具无法表现数字化体验错综复杂的交互细节。评估自己要制作的交付成果，从你的用户体验工具箱选择能满足当前需要的工具，用来交流和测试你的想法。请记住真正的交付成果是达成共识和获得理解，制作恰当的交付成果以实现该目标。据我们的经验来看，要在交谈和展示之间实现平衡。

8.10 “生活在交付成果之中”反模式

用户体验若仅存在于线框图或视觉稿之中，那么它还不能算是用户体验。我们的交付成果只是创建产品过程的中间步骤，而不是最终产品。把时间花在精雕细琢交付成果上，会抬高返工成本，降低我们返工的意愿，还可能会让干系人害怕无法再对“已确定”的设计作品发表意见。若遇到这种情况，我们的交付成果就没有达到解释说明、鼓励交谈、促使人们做出决策或测试假设的目的。

8.11 你已经在反模式之中了

- 每处改动都看似要花很长时间。
- 设计的价值由创建的文档数量而不是由解决问题的质量和跟干系人的交流来衡量。
- 你编写没完没了的规格说明文档。
- 你雕琢文档而不是用户体验。
- 你的工作除了制作线框图再无其他。
- 比起产品，你更关注文档。
- 你因被团队成员打断工作而倍感挫折。
- 你回绝了一些合理的小要求，因为如果接受，交付成果的多处地方要做同步修改。

8.12 模式

8.12.1 死亡诗社模式

在电影《死亡诗社》中，Robin Williams 扮演的角色鼓励学生们站到课桌上，从不同的视角看待世界。我们邀请你做同样的事情。退后一步进行自省——你是在有效地交流想法，还是在为文档细节而感到痛苦万分？

关于这个模式，你要问自己的问题是：在当前阶段，为了获得恰当的回应，合适的交付成果是什么？这个问题由三个部分组成，下面一一分析。

当前：随着项目的推进，在不同阶段需要做出不同层级的决策。在业务方仍需验证核心的用户体验规则时，不要把时间浪费到完善引发用户行动的文本上。今天，要推进到下一阶段，做决策时考虑到哪个层级合适？

恰当的回应：要进入产品交付过程的下一阶段，你需要做什么？若是需要一个关键的干系人做出一项决策，什么能够驱使他做出这样的决策？若要拓宽干系人对可能性的看法，什么能让其重新考虑自己的立场？若要向用户界面开发人员交流用户体验，怎样做才能让他们以最佳方式实现？所有这些场景都对技巧和交付成果有不同的要求，接收交付成果的人对此也会很敏感。

合适的交付成果：考虑到时间和回应，要创建什么才最有效？什么样的交付成果才算深度合适，才能全面解释隐藏在背后的设计决策以获取恰当的回应？请记住，即使是同一类交付成果（比如线框图），在保真程度和耗时方面也有很大不同。从草图到 Axure 原型再到 Photoshop 设计稿，保真程度逐渐提高，耗时逐渐增加。

跟交付成果的接收方就保真程度达成共识很有必要："线框图加上注释能满足我们的当前需要吗？还是应该用 Axure 做？"

理解并发挥你的能力。如果口才好，你也许可以让低保真交付成果和吸引人的解释获得更多认同。如果熟悉 HTML 或 Flash，你也许可以跟干系人快速制作原型或结对制作可用浏览器查看的设计作品。

8.12.2 拥抱每个人的创意

共同设计会议对于设计过程有几点好处。通过把"非创意职位"人士带入我们的构思阶段，鼓励他们参与贡献，可以消除设计过程的神秘色彩，让干系人感受到对设计想法拥有所有权。从长期来看，消除设计过程的神秘性有利于提升需求和反馈的质量，因为干系人认识到了我们需要什么。对设计想法的所有权会激励干系人理解和内化设计决策背后的想法。当这些想法受到质疑时，他们就会为其辩护。

鼓励创意是关于授权和鼓励的学问。**授权**通常指要让参与者相信参与工作坊是真正富有成效的工作，他们的贡献不会逾越任何人的职责范围。**鼓励**是指让参与者相信共同设计工作坊不是要创造多么高雅的艺术。工作坊期间，一些参与者往往拒绝融入到设计中来，除非向其展示即使作为设计师的我们在这个阶段也只是画画草图。James 出于该原因，把他的共同设计工作坊称为“草图会议”。（顺便说一句，这些最初不愿融入进来的参与者最终往往证明了自己其实是杰出的画家，只是对自己要求过高罢了。）

每个团队都与众不同，你需要花时间找到哪些技巧适合鼓励哪位参与者。然而，一般而言，应该在这个过程中避免断然对参与者所发表的意见表示否定，比如不要说“我不会画”或“这样做没意义”之类的话。这样只会让本不情愿的参与者为自己争辩，以“证明”他们的观点。相反，要以**积极**的方式表达异议。比如“告诉你们一个秘密，我也不会画！看看我的草图。如果你的线框和箭头看起来比我的还糟糕，我会很惊讶！”或者“好吧，不管怎样就这样吧——我们也许会有绝妙的想法，虽然可能性较小，也值得我们花一个小时时间来想。”

共同设计工作坊旨在从解决某一问题的一个创意方向着手，就此开始设计过程或让大家对该创意方向达成一致看法。工作坊一旦完成，就可以收集所有的产出并将其融入你的作品，筛掉不切实际的想法，雕琢合理的想法。只要你能把这个过程的故事讲好，干系人通常能从你给出的最终方案中看到他们思想的骨架，并获得一种重要的自豪感。

第 12 章将介绍更多关于以积极的方式表达异议的相关内容。关于不同工作坊形式的完备指南，请见第 15 章。

8.12.3 大扫除

如果因投入太多精力来制作交付成果而导致无法将其抛弃，那么你响应改动的能力就会受到伤害。

不幸的是，对于设计和开发软件产品的过程，改动就像是家常便饭。测试可能证明你的假设是错误的，或竞争对手面向你的目标市场推出一款“搅局者”产品，此时你若犹豫不决，不能批判地审视自己的方案并考虑必须更新什么，将不得不直面现实，为你的方案辩护。

我们不是说你应该直接抛弃你的作品或从头开始——过去被驳回的想法也许在以后项目中能很好地激发新的创意方案。但应该做好不再留恋自己作品的准备，即使你也许花费了很长时间制作它们。正如威廉·福克纳谈论写作时所说的那样，为了最终的产品，“必须杀死汝爱”。

保持注意力。请记住设计就好比前往位于地平线上的一座城市，当你靠近它时，它才会处于你的聚焦区。不论你身在前进过程中的何处，若不得不改变路线或对城市的模样有了不同想法，你仍是在朝它前进，只不过现在你对正在等待你的城市有了更切实际的想法。把你的作品看作一条等待检验的假说。

8.12.4 快速反馈

只有当人们跟作品产生交互时，你才能知道自己设计的用户体验能否满足用户需要。你以这种方式验证它们是否起作用的次数越多，改动所带来的资金和心理成本就越低。尝试至少在每一次冲刺/敏捷交付周期（或每周，如果使用持续交付方式）找真实用户进行测试，面对面或远程测试方案都可以。“五个用户的周五”或“测试周二”是在公司内部保持测试节奏、形成测试预期的好方法。提醒公司：项目在没有测试的情况下推进得越远，累积的风险也就越多。

只有公司的其他人员也能看到用户反馈，反馈的价值才能充分体现出来。因此邀请他们（安静、不显眼地或远程）观察收集用户反馈的会议，或把关键的结论清楚地展示给他们。如果你使用类似 Silverback 这样的应用记录用户的面部反应，可以把用户对测试场景所做反应的前五名拿给干系人看。这些反应既有趣，又可以形成一股强大的力量，推动人们去解决发现的问题——当一个很棒的功能被用户接受时，它能放大成功的感觉。

8.12.5 工具齐备的工具箱

永远不要把自己绑定到一种软件包上，也不要只采用一种工作方式。如果你能从多种方法中进行选择，其中每种方法只完成一种类型的交付成果，那么在正确的时刻、面对正确的反应、选择正确的交付成果就会变得更容易。例如，用 Illustrator 软件制作像手绘草图那样的线框图很简单，因此你可以把一页中大家都认可的部分打印出来；对于还没有完成的部分，可以使用相同的保真程度，把几种可能情况都画出来。不过用 Illustrator 软件为整个网站制作一套一致的模块化线框图有难度，而这正是像 Axure 软件这样的信息架构（IA）工具的长项。

驾驭多种工具还有助于提升思维质量。俗话说：“当你只有一把锤子时，那么一切看起来都像是一颗钉子。”相应地，若线框图工具仅凭拖曳就能实现某些特定的界面模式，那么一切看起来都像能轻松地添加一座旋转木马。

紧跟现有工具的演化以及新工具的出现也属于用户体验技艺的范畴，但别忘了探索现有工具集，从中发现适合自己的那个。

关于这种模式的最后一点想法是：**为你的工具投资**。所谓"拙匠总怪工具差"多半讲的是这样一个事实：水平低的工人会购买质量较差的工具，它们易于损坏或难以很好地完成工作。显然，提供工作所需的高质量设备是雇主的职责，但如果自己花钱（或用部门经费，如果你能争取到）购买酒精性马克笔、彩色签字笔或用来绘制草图的新应用有助于实现更好的结果，那么投资也是值得的。此外，这样做还能向团队表明，你是用高质量工具实现高品质结果的专业人士。

8.12.6 推进改动

确保公司理解这种方法的好处，并建立起相应的期望（以及工作说明）。否则，你也许会发现为了到达随意设定的里程碑，仍需把想法固化到线框图或其他不必要的交付成果之中。

8.13 如果他人用这种反模式伤害你

8.13.1 询问工作方式

通过交谈，达到破冰目的。

8.13.2 建议快速收集一些用户反馈

尽早并经常检验你的假设。交付成果不必尽善尽美。

8.13.3 在墙上画出草图

告诉干系人你以后会制作高保真原型，但在投入时间、精力，冒风险制作高保真作品之前，你想确认自己的前进方向是否正确。会议结束时，一定要把你的作品拍下来，以便为之后交流和展示作品时提供相应的背景。

8.13.4 如果干系人要求精确到像素级别的原型才肯签收

把交谈引回至交付成果是用来记录团队推进所需想法的层面。论述把时间花到问题解决的质量和制作交付成果上的优劣。跟整个生产团队达成一致：在时间较为紧张的情况下，为了推进项目，交付成果需要达到怎样的保真程度。

8.13.5 如果设计工作的质量由交付成果而不是问题解决方案来衡量

论述高质量的思考和问题解决优于在交付成果上耗费时间。把焦点放到花时间得到更好的产出而不是交付成果上。

8.13.6 如果对方采购的是文档而不是设计方案

有时，你发现直接负责项目的团队能够做到以产出（解决问题和实现设计目标）而不是交付成果（花大量时间制作的文档，只能捕捉产品开发过程中片刻的想法，而无法以迭代方式改进最初的假设）衡量价值，但采购方却难以跨越思路上的转变。要参与设计项目的宣传与启动。展示设计过程将交付哪些作品。把关注点放到验证假说（借助用户测试设计时所做出最佳猜测，以证实猜测或对其进行修改）上，投入更多时间到解决问题上，少花时间在制作不必要的交付成果上。跟团队就需要推动哪方面的工作达成共识。

8.13.7 详细讨论采购方需要的文档而不是项目结果

若团队花大量时间讨论“交付”什么文档而不是解决什么设计问题，你就能够察觉到项目交付的愿景在向交付成果偏移；比如问“你完成那些线框图了吗”而非“你找到解决糟糕注册号码的方法了吗”。

案例研究

eBay Europe 全球产品部门首席用户体验设计师 Aline Baeck

图 8-3 Aline Baeck（版权所有：Aline Baeck）

我知道生活在交付成果之中是件多么惬意的事情。我曾多年参与一款软件产品的研发，该产品拥有上千万用户。刚开始的那几年，设计在那家公司还是一种相当新的职能。因此我们向工程文化倾斜，当时的工作由交付成果来衡量。我们关注的是人物角色、任务流和设计规格说明；成功与否由我们在瀑布模式开发过程中交付文档的能力来决定。当然，我们跟产品经理（PM）和工程团队之间有合作，公司也高度重视这一点，但合作却简化为跟文档打交道，大部分合作都是以文档评审形式进行的：我们召开长达三四个小时的评审会，以确认设计规格说明书的每处细节。

作为设计团队，我们认识到这种做法很危险。强调文档不仅会降低设计实践的价值，因为我们真正的价值在于思维方式而不是作品，还会减少我们跟 PM 和工程团队一道探究战术而不是战略性问题的机会。它通过限制不同职能之间的交流，强化了各种职位之间的障碍——文档结构和评审会定义了我们之间的关系。

我们自觉地对设计团队的工作方式进行调整。第一处简单的改动是调整项目规划。我们不再罗列出每个时间节点交付什么文档，而是把设计项目分为不同阶段，每个阶段都有相应的活动和最终结果，不再表明要提供什么文档。因此，我们不再列出“某年/某月/某日前交付人物角色文档”，而是列出“定义顾客”并附上想回答的开放问题，比如“我们现的顾客群可以用吗，还是服务于新的顾客群体”“这些用户关心什么”“用户对能够实现该功能有多在意”，并附上该阶段的开始和结束时间。这项简单的改变达到了以下几个目的：开启设计的“黑匣子”，让我们的合作伙伴了解我们的工作方式和执行特定活动的原因；鼓励参与，激发好奇心，促使他们帮我们解答相关问题；还将我们与其他团队工作中的重合部分暴露出来，因为他们也许需要相同的答案，所以能自然地在团队内部激发合作。

就是这样一个超级简单的改动却为我们设计团队及合作伙伴带来了深远影响，营造了一种热情合作的氛围，大家一起提问题、找答案。重担不再由设计团队来扛。之前设计团队给出的答案，也许会受到之前没有参与的同事质疑；而现在，我们发现随着合作的增加，不再把交付成果“从墙上”扔过去，不同职能部门之间的摩擦明显减少。

在大约一年时间里，我们的工作方式发生了翻天覆地的变化，跨职能团队承担起制作团队所有交付成果的职责。如果设计师没有交付相关作品，工程师可以进行补充，反之亦然。我们不再召开冗长的会议来评审设计文档，而是使用轻量级的线框图来提升交谈的质量，让设计师跟工程师一道解决设计方面的细节问题。这一切变化皆始于我们意识到关注交付成果对我们的伤害多于其他任何人，并且简单调整了项目规划。

8.14 本章术语

- 精益用户体验
- 设计工作室
- 共同设计
- 原型制作
- 代码质量
- 代码素养
- 定性用户研究

8.15 补充资料

(1) Gray D, Brown S, Macanufo J.《Gamestorming：创新、变革&非凡思维训练》，北京：清华大学出版社，2012。

(2) Humble J, O'Reilly B, Molesky J.《精益企业：高效能组织如何规模化创新》，北京：人民邮电出版社，2016。（图书主页为 ituring.cn/book/1544。——编者注）

(3) Klein L. *UX for Lean Startups*. Cambridge: O'Reilly; 2013.

(4) Schwartzmann E. "Designer's Toolkit: Road Testing Prototype Tools". 来源：http://www.cooper.com/journal/2013/07/designers-toolkit-proto-testing-for-prototypes; 2013 [访问日期：2015.1.25].

(5) Sherwin D.《创意工场：提升设计技巧的 80 个挑战》，山东：山东画报出版社，2012。

8.16 参考资料

[1] Frankenheimer J, Mamet D, Zeik JD.《浪人》，米高梅联美，1998。

[2] Norton MI, Mochon D, Ariely D. "The IKEA Effect: When Labor Leads to Love". *Journal of Consumer Psychol*; 2012.

[3] Brion A. "The Lean UX Designer". http://www.designvsart.com/blog/2013/06/30/the-lean-ux-designer/ [访问日期：2014.11.13].

[4] Gothelf J, Seiden J.《精益设计：设计团队如何改善用户体验》，北京：人民邮电出版社，2013。

[5] Travers A. *A Pocket Guide to Interviewing for Research* (Kindle edition). Cardiff: Five Simple Steps; 2013.

小提示

(1) 作为交付成果的设计作品不是最终产品。只有与目标用户产生交互，才变为用户体验。

(2) 交付成果和文档从来就无法传递设计师想要实现的全部用户体验。你需要跟交付成果的接收方进行沟通。

(3) 我们的工作目标是尽可能清晰地传递设计意图，引出对所做假设的反馈，而不是制作“最精致”的规格说明。

(4) 最有效的交流是找到能够在恰当时间带来恰当回应的交付成果。

(5) 设计师正从“摇滚明星”创造者向团体助推者这一身份转变。

(6) 召开会议以合作形式绘制草图和构思，比起添加有注释的线框图更有助于团队的理解。

(7) 无法表达层次感的规格说明和静态交付成果不能很好地传递我们为当今数字产品设计的丰富用户体验。

(8) 在设计过程的恰当时间点，使用原型有助于大家理解你的设计意图，可能起到意想不到的效果。

MacBook Air

第 9 章　认为别人不懂设计

“每个孩子都是艺术家，问题是长大后怎么能仍然保持艺术家的天赋。”

——巴勃罗·毕加索

9.1 来自作者的提示

本章，我们想把网撒得稍微广一点，不再仅仅继续关注用户体验设计，还会从整个产品设计生命周期去讨论更为广阔的创意背景。这意味着我们将在“设计”这一大范畴下考虑服务和过程设计、用户体验、用户界面、视觉设计。我们感觉所有这些元素都跟产品用户体验紧紧联系在一起，任何对这一反模式的讨论都要把产品研发的整个创意过程囊括进来。

9.2 创造设计和理解设计

设计是一只美妙、充满好奇心的动物。它不是艺术，也不是科学，而是在两大阵营均有涉足。除了我们喜欢不时打破的不成文规定之外，它没有严格的规则。由此可得到的推论是：有时，只有具备知道怎样做不行的品味，才能知道怎样做合适。我们简称的“品味”和“经验”来自多年学习形成的、对这些不成文规则的理解，以及需要更长时间学习才能明白的、怎样以商业头脑乐于接受的方式进行交流。

然而，在创作设计作品的细致、漫长的过程中有一个挑战：我们也许会忘记，想要理解设计，人们不一定非要理解创作设计作品的技术。如果认为只有理解技术才能理解设计，那么我们很容易将自己置于象牙塔之中，在自己的工作和组织其他业务之间划出一条界线。

9.3 自命不凡的小蠢蛋

Martina 在中央圣马丁艺术与设计学院获得了硕士学位。该学院位于伦敦，是一家著名的艺术类院校。她当时在其中一座教学楼的顶层上课。当我们最初把这个主题作为会议的议题来准备时，她想找几张象牙塔的图片用作视觉暗喻。她很快就领悟到，她之前上课的那幢楼看上去就非常像设计学院的象牙塔。

最近 Martina 拜访了母校的新校址，从学校墙上找到的一幅作品（见图 9-1）可以很好地说明这个问题。

图 9-1 “自命不凡的小蠢蛋”，位于中央圣马丁艺术与设计学院的墙上（版权所有：Martina Hodges-Schell）

回想第 2 章，我们讨论过强加给自己的衡量成功的标准——设计师本身的内在动机驱动我们创造伟大的作品。我们为研发易于使用、体验足以令用户感到惊喜的产品和服务而努力，但发现自己常常因为与没有接受过设计专业教育、缺乏相关经验的员工共事而恼火。我们很容易陷入一种模式，告诉自己干系人委员会破坏我们的想法，让我们被动地处于营销部门和用户之间，孤立无援。

如果这是真的，我们会变成什么？**明星设计师**——脾气糟糕的天才，把自己关在工作室里绘制伟大的想法，为了追求完美而追求完美。过去有段时间，设计师独立工作，只有等到发布耀眼的作品时才跟干系人和客户接触。采用这种与热播电视剧《广告狂人》中 Don Draper & Co 公司一样的做法，让我们产生一种带有负罪感的快乐，不过

（幸好）设计行业的实际工作在 20 世纪 60 年代开始出现了变化。我们发现需要从必须负责整个瀑布开发过程中所有设计工作的创意精英主义，向强调合作、更加透明和认可不断发展的数字技术的设计过程转变。

在一个由快速交付、难以置信的复杂度和功能分散的团队组成的世界中，克服这种傲慢和精英感比以往任何时候都显得更重要。当然，当明星的感觉很好——看看有多少招聘广告在呼唤“摇滚明星”“专家”和“忍者”——但从定义来看，英雄单打独斗。从本质上来说，产品设计处于象牙塔的对立面。一款产品要想成功，它的设计要得到每个人而不只是设计师的青睐。

明星设计师

Dan Saffer 在《交互设计指南》一书中，将明星设计师描述为严重依赖直觉和经验进行设计的实操者。他们在制作设计作品时，很少采用用户研究或跨团队合作的方法。[1]

9.4　向华而不实的宣传拍砖

> “今天在设计方面的一切问题都是你的过错。这是一个非常好的机会。你拥有改变事物的力量。去解决这些问题吧。”
>
> ——Mike Monteiro，*Design Is a Job*

当我们严斥明星设计师这一神话时，有一种特殊类型的公司必须站出来，接过拍来的“砖头”：创意公司。这种公司通过广告宣传来赢取订单：在响应客户的设计概要时，为设计而设计，追求像素级别的“绣花枕头”，只为赢得客户的合同。在宣传时，由于时间和预算有限，不可能正确地拆解或理解问题空间，更不用说考虑顾客了。这种文化把设计提升为一种赢取业务的黑暗艺术，让我们感觉这样做绝对可靠。它还会让我们误以为自己的想法比从真实世界学到的更高明，是我们闪耀着智慧火花的想法把顾客吸引来的。

问题在于，若设计概要涉及的领域充满不确定性或复杂程度高，那么这种工作模式就会土崩瓦解。从本质上讲，宣传过程让客户喜欢上浮夸但不完整的方案，制约了良好用户体验的设计过程。他们既已选定“最佳”方案，那为什么还要投资搞研究？如果设计团队和交付团队之间的交流只会导致设计理念上的让步，那为什么还要保留交流渠道？

客户和干系人若不理解我们的设计过程，就会只关注我们为其制作的可触摸的作品。作为设计师，我们用设计思维评估问题解决的质量，而作品的接收方往往只能理解我们在交付成果中所做的事情。为了最终交付伟大的产品，我们需要跟下游接收者合成一个团队共同工作，帮助他们理解设计过程并吸引他们参与进来。

9.5　我们生活在充满设计的世界里

我们跟别人一道工作时，专业权威和高人一等之间的界限可能模糊不清。然而，有个能确定你经常搞混的最佳方法，那就是认为自己是办公室里唯一“懂”设计的人。

尝试以下方法：下一次跟不同部门的干系人围着桌子坐下来的时候，快速瞥一眼他们随身带的东西，比如手机、钢笔和书。尤其要仔细观察他们非常珍惜、一直随身佩戴或穿着的东西，比如珠宝、眼镜、手表、鞋、饰品，甚至身体艺术。我们可以保证，这些物品是参会人员精挑细选出来的，不仅购买时如此，就是早上穿衣打扮时也是如此。除了你，可能没有其他参会人员知道“行距”和“字距”之间的差别，你也许不认同他们的品味，但会议桌旁坐着的每个人都**理解**设计及其社会影响力。

套用 Dieter Rams 的话来说，“好的设计是诚实且可以理解的”。如果设计对非设计师来说不可理解，那么它就无法实现其目的。干系人也许无法用技术术语来表达设计，但从每个人都在跟充满设计的世界打交道这一事实来说，他们肯定理解设计。[2]

若我们不承认同事或客户具备欣赏设计的能力，就会拒绝接受他们的反馈，只给出最基本的回应——几乎可以肯定的是，这不是对方想要的。这会导致我们在没有真正理解反馈目的的情况下，给出肤浅的回应。若自己的反馈没有得到应有的重视，反馈方就会认为我们是自大的精英主义者，这会削弱他们对我们和我们工作的信任。

9.6　“创意”不是一个名词

神经科学家开始认识到，把创意当作一种超级力量是错误的。天才的火花往往来自于业外人士，因为他们能跳出思维的局限。对于其他业务领域人士给出的批评或建议，没有在更广阔的背景中验证它们的有效性之前，千万不要弃之不顾。

听取每位团队成员的意见。你永远都不知道最佳想法或问题解决方案来自哪里。有个用户体验咨询师曾分享过一件趣闻轶事：保洁阿姨就如何实施提升网站在线转化率的多变量测试想出了一个解决方案并最终被采纳。

9.7 怎样让分享更容易

如果不向团队其他成员开放设计过程，就会制造很多针对你的设计作品的阻力。让整个团队保持想法一致的一个非常简单却很有效的方法是，跟干系人、业务方、开发人员和市场营销人员等在设计过程中通力合作，避免出现“我们”和“他们”的对立。

“不是我发明的”偏见

研究表明，人更喜欢自己的想法。我们会爱上自己的想法。爱是一种强烈的情感，很难带入工作场合。我们相信自己的决策过程是有理有据的，认为自己选择了逻辑上的“最佳选择”。

我们倾向于不喜欢别人的想法。反过来说，他人的想法永远没有我们自己的想法那样有趣或有说服力。

了解这些可促使我们分享实践，帮助我们创建充满合作性的工作过程，并在设计过程中给干系人发声的权利。你可以让“不是我发明的”这一偏见为己所用——通过让大家参与设计，使全组都接受你的设计作品。以色列裔美籍心理学、行为经济学教授丹·艾瑞里解释道，即使是构思过程中的一个简单举动，比如打印之前对文本中的某一行进行调整，就会使我们产生足够的所有权，感觉它是我们的。[3, 4]把“不是我发明的”偏见翻转过来，就变为“我发明的”偏见，可以让人从中受益。

关于这项研究和对人性的洞察，可以从丹·艾瑞里的《怪诞行为学》[3]和《怪诞行为学2》[4]中了解更多。

牙刷理论

牙刷理论：想法就像是我们跟牙刷的关系。我们都想要，都需要，确实也都有一支牙刷，但是不喜欢使用别人的牙刷。

——丹·艾瑞里

结对设计

引导干系人参与设计过程，不仅对你自己、对丰富你的想法有帮助，同时还能帮到干系人。

我们采用编程社区中一种非常有效的分享技能和合作的方式：结对工作。也就是说，两个人使用同一组资料共同从事同一项任务（例如，在同一台电脑上处理同一个文件）。这样做能够加快方案的完成速度，也便于跟团队分享项目相关知识和技能。

你若是内部团队一员或为其提供咨询服务，让大家接受这种工作方式比较简单。你若是在设计公司工作，可以以“工作会议”或“共同设计工作坊”的形式提出这种工作方式，以便客户接受。

9.8 反馈

对于这种反模式，你可以采取积极主动的态度，从内部做起，把与设计相关的工作说明改为通俗易懂的表述。我们之所以在整个第 1 章不遗余力地讲解如何在干系人和自己的语言鸿沟之间架起桥梁，是因为它对于达成共识至关重要。

这样做的好处还在于，让干系人改用准确的设计词汇，往往会对建立牢固的工作关系起反作用。探究同事的反馈，理解他们在尝试解释什么。请注意，有时即使干系人确实使用了精准的设计词汇，但为了保证其他与会人员都能理解，你也应该用通俗的语言重述他们的反馈。

9.9 善意的建议

非设计师给出的设计批评意见也是完全有效的。诚然，批评意见在多大程度上有效取决于批评者在设计领域的知识水平、对用户的认识和其他很多因素。但你已具备了一些技能，可以将其跟项目目标和从用户反馈得到的专业用户体验对应起来。并不是所有的建议都可行，因为它们也许没有考虑到设计限制、预算或时间限制。

听取各学科专家的反馈。这些知识将使你的设计师生涯变得更加简单。你可以收集到实用的见解，激发设计灵感，或者帮你理解设计面临的限制，避免探索不必要的路线。**有可能拿到数据吗？你现在能用新API做什么？**诸如此类的问题将极大程度地丰富你对设计工作的认识。

如果你面对的是用意非常好但不切实际的“设计建议”，把它跟由非设计师提出的优秀设计想法整合到一起，不要让贡献质量较差建议的同事感到他们被忽视或小看了。你通常可以把对较差建议的响应跟对较好建议的响应整合到一起，表示以这种方式吸收了他们的想法——我们将在第 12 章的各种模式中介绍具体该怎么做。另一种强大的技巧是用第 4 章介绍的方法重述你的反馈，把以设计方案形式展示的建议变为可响应、可行的业务目标。

如果干系人坚持自己善意的建议，可以考虑将其加入下一轮用户测试或 A/B 测试当中，收集顾客的反馈（也许会证明建议不可行，也许会表明它能改善产品）。

9.10 让“河马”上船

理解客户怎样决定接下来朝哪种想法努力很有价值。他们是根据实际情况还是决策者的身份地位来做决策？每个人都知道“房间里的大象”（指显而易见却又被忽略的事实），但每场会议还有“河马”在场：收入最高者的意见（highest paid person's opinion，HiPPO）。MIT 数字业务中心的 Andrew McAfee 研究发现，很多机构现行的运行方式依然是给予 HiPPO 决策权力。跟你的团队一起努力，创造一种人人都能发声、人人的想法都会得到考虑的氛围。[5]

9.11 有人视创意为风险

有时，团队的分裂源自于对不确定性的不同看法。传统的业务过程将不确定性解释为风险，并尝试最小化所有风险。但没有新想法，创新就无从产生。一切皆板上钉钉，新想法就无法形成、完善并接受充分的检验。作为设计师，我们接受过应对各种不确定性的训练——从未知和混乱之中创造秩序。我们有时很容易忘记、也难以用语言说明：不确定性其实是设计过程必不可少的一部分，通常会随着设计项目的推进逐渐减少。

我们赞美创新和创意，视其为一种文化，但应该记住组织和教育大都喜欢确定性，喜欢根据规则行事、不会挑战现状的人。帮助担心风险的干系人理解为什么需要不确定性，并让其明白我们知道边界在哪儿，不会把整个项目引入泥潭。

9.12 “认为别人不懂设计”反模式

创造设计作品的技能要通过学习得到，并随着经验的增加得以提升。但是消费设计作品是个人美学和文化教养的一部分，是从生活中学到的。如果忘记非设计师对设计的看法其实是有效的，我们就会认为他们的反馈微不足道或没有考虑的“真正”价值，从而不予理会。这种响应让干系人感到无人倾听他们的话，从而在设计师和其他团队成员之间楔入一个楔子，最终将伤害到用户体验。

9.13 你已经在反模式之中了

- 干系人参与贡献时，你不屑一顾。
- 你更喜欢让客户远离你的设计过程，而在精心准备的“重大发布会“上分享你的作品。发布会越往后拖越好。
- 设计团队跟其他团队之间有明显的裂痕。
- 你拒绝跟非设计师合作。

9.14 模式——让分享更容易

本章关注那些能帮你开放设计过程以及让设计作品赢得大家认可的各种模式。关于如何应用这些共同工作方式的详细指导，请见第 16 章。

9.14.1 合作工作坊

只有降低艺术技巧进入合作工作坊的门槛，才能让每个人都能参与贡献。要方便每个人加入，让他们感受到自己的加入和贡献是受到欢迎的。合作还有另外一个非常棒的效果，那就是强化了人们对自己所有想法的偏爱。因此，感到自己参与了构思过程的干系人将更加努力地实现这些设计理念。

丹·艾瑞里[3, 4]证明“我发明的”偏见可以由简单的举动产生，比如重新调整语序混乱的句子，得到一个新句子——即使只有一种调整结果讲得通，参与这项研究的参与者仍表现出了对自己方案的喜爱。巧妙地运用这一信息。我们从来不会建议你应该组建工作坊，让干系人认为你事先决定的方案是他们自己想出来的。**永远不要这样做。**

9.14.2 画草图

帮助你的非设计师同事以可视化形式表达自己的想法。我们从干系人那里听到了很多不想参与画草图的借口，但画草图旨在把想法表现出来，而不是为了展示艺术才能。一个鼓励持怀疑态度的干系人的简单技巧是：让他们向语言不通的人解释什么是猫。即使他们知道自己不是文艺复兴时期现实主义画法的大师，也可能会用图画让对方明白。

9.14.3 制作故事板

帮助团队从用户角度了解产品目标。从顾客角度把任务流写到故事板上。他们都有哪些目标？然后大家一起进行头脑风暴，找出帮助顾客实现这些目标的方法。

9.14.4 情绪板

情绪板是另一种能很好地统一大家认识的活动。开会时，带上杂志、剪刀和胶水能降低参与门槛，帮助每个人贡献自己的力量。为人物角色制作情绪板，可有效地引导团队从用户角度审视项目/产品。

9.14.5 纸质原型

用“锐意”马克笔在便签纸上绘制原型，这样大家不必掌握设计师专用软件的任何知识。随着原型层级多起来，便签纸便于你调整它们的位置，修改文字表述，或将其撕下。你也许在页面层级方面比干系人有更多经验，但这有助于他们理解需要安排优先级，并且仔细考虑对于用户而言、要想实现目标最重要的是什么。

9.14.6 词汇联想

在头脑风暴会议上，帮助团队把思维拓宽到已形成的集体思维之外。第一步，向每个组介绍各不相关的对象，发给他们一张约有 30~50 行的空白表格，要求他们写出跟那个对象相关的词汇。这些词汇不必跟手头项目相关。第二步，让每个人从这些词汇中挑一个，再挑一个设计问题，就如何解决问题给出不同的想法。这样就可以得到一组覆盖面更广的解决方案。

9.14.7 记点投票表决

这种技巧的具体做法是，为每个团队成员分配三个点（或巧克力，在 Martina 的公司就是这样做的），他们可以为自己最喜欢的想法或方案投票。对于最受欢迎的那些想法，就选择其中几个作为前进的方向达成一致。

9.14.8 设计包装盒

如果你的团队在表达产品是什么和能为用户解决什么问题方面感到困难，或不知道怎么安排优先级，可以让他们为想象中的未来产品设计包装。给它起个名字，制作一条包装带，列出产品的要点。这项练习可以帮助每个人关注最重要的事情，不是对自己而言，而是对顾客而言。他们需要说服顾客选择他们的产品而不是竞争对手的产品。

9.14.9 角色扮演

要跳出设计练习的背景而进行彻底的改变，可以考虑让团队通过角色扮演的方式理解用户体验。这可以帮助他们理解顾客跟服务的交互方式，理解顾客作为普通人希望受到怎样的对待。

9.14.10 “我发明的”模式

调整工作坊的形式，让团队成员参与进来，帮你形成相关概念。为你的见解和目标一起制作设计作品（例如，场景绘图练习可以产出情感地图这样饱含见解的作品）。引导大家朝积极的方向思考，而不是向已知的方案努力。

9.14.11 Kate Rutter 的技能地图

想理解干系人和跨学科团队都有哪些技能没有施展出来，有一种好方法，那就是 Kate Rutter 向我们介绍的绘制技能地图。用透明纸张打印出像蜘蛛网那样的技能地图，发给每人一张，让他们用永久性马克笔根据自己的技能进行填充。这样你不仅能发现有助于项目的实用技能，还能把所有地图叠在一起，看到自己的哪些技能较强、团队的哪些技能相对欠缺。[6]

9.15 模式——要努力遵守的规则

9.15.1 透明

解释你采用的流程、作品、决策方法和语言，让设计过程变得透明。

9.15.2 尊重

尊重团队里的每个人。因为他们的思考方式或文化背景与我们不同，所以我们容易犯无视其想法或贡献的错误。你要把他们看作灵感之源而不是障碍。

9.15.3 使用通俗语言

我们也容易忘记，虽然自己熟悉自己描述工作的词语，认为其表意准确，但它们可能会引起听众的误解，给他们带来迷惑。积极主动地用通俗语言重述你对设计的表述。这可以帮助你的听众避免感觉自己很“愚蠢”。

9.15.4 参考框架

向大家解释你的参考框架，揭开如何做设计决策和安排工作优先级的神秘面纱。这也是解释我们技艺中诸如留白、行距等不易感知的方面所用规则的好方法。

9.15.5 推动团队的魔法

因为用户体验设计是作为实践发展起来的，有一项与众不同的技能需要强调：设计师要成为团队的助推器。当你选择把用户体验作为职业发展目标时，也许没有将其当成核心能力，但引导和推动客户、干系人和团队已经变得非常重要。亲自动手设计合适的方式，便于整个群体分享见解、开拓思路。

9.15.6 结对设计和开发

非设计师和设计师结对可以得到最佳设计结果，同时分享知识和技能。

9.15.7 向非设计师授权

有些干系人为了不让自己出丑，闭口不谈设计，拒绝参与设计过程。一种将其从舒适区拖出来的方法是跟他们一同绘制草图。鼓励他们，使其相信每个人都能画草图，即使只是由线框组成的草图也有价值。你往往会发现画草图对其来说是小菜一碟，只是他们对自己的技能太过挑剔。把自己制作的糟糕草图拿给他们看，帮他们理解交流想法比起制作艺术品更重要。

9.16 如果他人用这种反模式伤害你

有时，你发现自己面临这样的处境：其他团队成员不希望你向他们从事的领域贡献有价值的想法，不论是创意、开发还是业务领域。

- 主动参与会议。

- 做有意义的贡献。
- 推动团队工作。
- 参与一系列反馈会议（确认作品完成之前，对其进行评审）。
- 从用户体验角度定义成功的标准。

9.17 本章术语

- “不是我发明的”偏见
- 明星设计师
- 合作
- 对不确定性的偏见
- 结对设计

案例研究

Chris Nodder，Chris 咨询公司的“界面驯服手”，
博客地址：questionablemethods.com

图 9-2 Chris Nodder（版权所有：Chris Nodder）

设计咨询

我主要跟大型企业的敏捷团队一起工作。即使他们自己有设计资源，设计师通常也是服务于多个团队，因此只能为每个项目投入部分时间。

这些设计师的表现各异，我在合作过程中见识过多种：有的完全卸下包袱，因为认为有我帮助他们完成 Photoshop 视觉稿；有的要求把我从其团队中除名，因为认为我威胁到了他们的控制权。真实情况是，我并不会这么做。我不做 Photoshop 原型，也显然没有控制他们的欲望。我所做的是促成以用户为中心、由设计团队主导的产品研发。

设计师属团队所有

那些想揽下项目所有设计工作的设计师正在延续独行侠的神话，这会让他们的工作异常难做。这种行为表现出的是对团队成员技能的蔑视，增加了跟同事融合的难度，意味着团队中的任何人都无法把工作做到最好。这还表现出一定程度的不安全感：暗示设计师对自己的技能不够自信，不敢公开他们使用的方法以直面别人的审查和批评。

在创建应用或网站方面，设计师如果认为自己懂得最多，明显是不够谦虚的表现。即使在大力倡导以技术为中心的团队里，成员的分工也会影响到用户体验，因为设计包括很多部分，不是设计师一人就能搞定的。在设计过程的某个较小领域里，设计师有可能比团队其他成员拥有更多专业知识，但即使这样，最好也要从不同的想法和观察结果中汲取营养，理解平台在技术方面的各种限制，防止制作出视觉效果非常好、但功能上站不住脚的方案——这种方案将不得不做出各种让步，结果既不好看，也不中用。

将设计整合到整个团队之中

我在每个项目之初就参与其中，并要求整个团队在同一间办公室工作一周，期间不受外界干扰。这意味开发、测试、业务经理、市场营销人员、系统架构师、项目经理、技术作家、学科专家和设计师都在一起工作。关于这一周的时间投入，我收到了很多反对意见，但这一周结束后，每位参与者都评价这样做非常有效率，让人精神振奋。他们可以全身心投入手头的工作，不会因为要跟每个相关团队安排一系列会议而耽搁。过去，仅这些会议就可能占用数周时间，项目因此备受煎熬。

在产品探索和原型设计的早期阶段，跟整个团队一起工作有很多优势。作为一个整体，你们可以识别出个体注意不到的问题，因为不同团队成员有着不同的感知能力，对交互的不同部分敏感。向不懂你设计想法的团队成员进行“推销”所花的时间更少。不用向他们展示精确到像素级别的原型，团队成员就会为你的方案买账，因为方案是他们帮你制作的。因为来自各个领域的代表都在，所以能一起制作全面的解决方案，将业务和最终用户的需求以开发人员能够创建、实现和支持的方式整合到一起。

要是一起办公的团队相互争夺支配权该怎么办？答案是，关注系统用户的需求。收集用户数据而不是团队成员的意见，把数据转化为设计作品。这要用到一组方法，其中的每一步都为下一步提供数据：从最初的观察开始，到经过用户测试的原型，最后得到产品实现计划。

研究是关键

我们整个团队在一周时间里首先在用户自身环境中进行观察，然后制作经历地图，确定需要解决的最大痛点。团队每个成员都要参与构思过程，接着创建一些场景，制作故事板。故事板的内容会反映到团队制作的纸质原型之中，接着测试原型的可用性，并把它作为设定优先级、安排研发产品计划的基础。这一周安排得非常满，但不论在哪个阶段，团队任何成员都可以指着钉在墙上的资源，说出其用途、对后续阶段的意义，以及跟用户研究阶段观察到的痛点有什么关系。

整个团队都要以用户为中心

我的目标是让每个团队感受到自己有权在项目各阶段及之后的项目中进行以用户为中心的设计。“设计魔法”不再躲在黑匣之中。当然，他们的设计技能还有很大的提升空间。团队中得有人扮演推动团队前进的角色，这份职责很容易落在设计师肩上。因为设计师要促成合作性工作，推动对整个团队想法的阐释，所以展示出了架构师需要具备的一组范围更广的技能组合。通常而言，这对于设计师的职业发展来说是很好的机会，架构师也是更具成就感的一种角色。

9.18 补充资料

(1) Dickerson G.“Avoiding the ‘Client as Enemy’ Black Hole”. 来源：http://giles-dickerson.com/2010/06/08/avoid-the-client-as-enemy-competitor-as-friend/; 2010 [访问日期：2015.1.9].

(2) Gallagher D. “The Decline of the HPPO (Highest Paid Person’s Opinion)” .来源：http://sloanreview.mit.edu/improvisations/2012/04/01/the-decline-of-the-hppo-highest-paid-persons-opinion/?utm_source=twitter&utm_medium=social&utm_campaign=sm-direct#.T3jXdzG8aKc; 2012 [访问日期：2015.1.9].

(3) Lee T.“What Clients Don’t Know (…And Why It’s Your Fault)”. 来源：http://muledesign.com/2012/05/what-clients-dont-know-and-why-its-your-fault/; 2012 [访问日期：2015.1.9].

(4) McCoy T.“Studio Time and the Road to Pair Designing”. 来源：http://pivotal-labs.com/studio-time-and-the-road-to-pair-designing/; 2013 [访问日期：2015.1.9].

(5) Olien J.“Inside the Box – People Don’t Actually like Creativity”. 来源：http://www.slate.com/articles/health_and_science/science/2013/12/creativity_is_rejected_teachers_and_bosses_don_t_value_out_of_the_box_thinking.html; 2013 [访问日期：2015.1.9].

(6) Wroblewski L.“An Event Apart: What Clients Don’t Know”. 来源：http://www.lukew.com/ff/entry.asp?1704 ; 2013 [访问日期：2015.1.9].

9.19 参考资料

[1] Saffer D.《交互设计指南》，北京：机械工业出版社，2010。

[2] Rams D. “10 Principles for Good Design”. 来源：https://www.vitsoe.com/gb/about/good-design [访问日期：2015.1.9].

[3] 丹・艾瑞里,《怪诞行为学：可预测的非理性》, 北京：中信出版社，2010。

[4] 丹・艾瑞里,《怪诞行为学 2：非理性的积极力量》, 北京：中信出版社，2010。

[5] McAfee A. “Big Data: The Management Revolution”. 来源：https://hbr.org/2012/10/big-data-the-management-revolution [访问日期：2015.1.9].

[6] Rutter K. “Skills Map Workshop”, Balanced Team Conference, San Francisco, Nov. 2, 2013.

小提示

(1) 设计师不是唯一消费设计作品的人群。只有对非设计师也具有吸引力，你的产品才能取得成功。

(2) 团队的每个成员都能做出有意义的贡献。尊重他们的贡献，理解他们的语言和舒适区，从而成功分享更多内容。

(3) 英雄单打独斗，但设计是一项团队活动。

(4) 利用“不是我发明的”这一偏见，向团队“推销”自己的想法。

(5) 保持透明。不是每个人都理解设计过程。

· Twin-tip · Pointe double · Doble punta
permanent twin-tip
-tip · Pointe double · Doble punta

第 10 章　追求完美

"以简洁为本，它是极力减少不必要工作量的艺术。"

——《敏捷宣言》[1]

10.1 交付成果忠实于自己的理念

当然，如果你生活在交付成果之中，就会期望产品的每个方面都跟你出具的规格说明相符，因为你曾经花费大量时间和精力来完善产品理念。即使并非出自本意，我们依然对自己在脑海中构建的产品模型爱得太深，自然也就希望现实不要辜负梦想。

然而出于各种原因，现实可能会辜负梦想。虽然我们可以也应该为提升想法、设计和交付成果的质量而努力，但有时继续设计而不是把它交到用户手中对产品却有害无益。“够用即可”是软件开发领域颇为流行的一句箴言，这对于设计也同样适用。比起自己在没有真实使用心得的情况下不停完善，从用户那里能了解到更多关于设计质量的信息。

每个设计师都迟早要在继续完善和交付方案两者之间找到平衡。然而，有时候方案已能满足使用目的，再投入额外的精力，效果递减法则就会应验，但我们继续工作的劲头却难以消停。若陷入这种思维模式，我们必须提醒自己，设计的定义是“在给定的一组条件之下找到解决问题的最佳方法”。[2]

定义客观性

主观性是设计的一大挑战。代码运行的成功或失败，业务赚钱或不赚钱，都可以客观地评估，但评估设计却像是一个偏主观的主题，使得定义什么才是**优秀**或**已完成**的设计更加困难。

作为一个讲究情感和同理心的领域，用户体验要求我们成为充满激情和自我批判精神的艺术家，而不只是技能纯熟的匠人。我们为用户的最大利益而工作，虽然他们也许跟我们大为不同，但我们创造的作品却带有个人色彩（暴露我们的一些想法），难以让人感觉它是客观的。这就使得设计评审变为一个痛苦的过程，我们感觉别人是在批评我们自己，而不是客观地衡量我们的设计解决方案是否成功。在这种背景下，培养出完美主义倾向一点都不奇怪。分享作品之前，你想再精心修改一番；交付时，你把它当成灵丹妙药，希望顺利经过评审，无须做出任何痛苦的折中。

对于以设计为中心的传统工作环境，重点在于为客户提供看似完美却几乎没有触及实际问题的方案，以赢得订单。但是在这个时间点，即参与工作之初，我们还没有机会全面地探究和理解待解决的问题是什么。这种工作方式使得我们对需求产生一成不变的想法，通过臆想对需求进行“深刻”理解，并以此为基础不停地打磨自己的作品。这样只会产出糟糕的用户体验。

不幸的是，这种工作方式使客户和设计作品的其他消费者把**精雕细琢**解读为**价值**。如果有客户曾坚持看到精致的设计效果才肯评价线框图或草图，那么你就受过这种反模式的伤害。作为漫长交付过程的最后迭代产物，精雕细琢的设计作品的改动代价非常大，并且其他交付成果往往也要返工才能保证设计系统的一致性，而其返工成本同样很高。

工作实践让设计师被看作（或感觉像）各种疑难问题绝对可靠的答案，但其实除了富于创意的经验和专业知识，我们也没有其他过人之处。在没有数据支撑和缺乏理解的情况下，我们依赖的是自己（由教育得来）的观念和最佳猜测——很容易过于依赖情感反应。第一次就把事情做对的预期很符合常人的反应，但却会导致我们在虚无的假设上做大量无用功，从而增加改动的成本和难度。

10.2 设置预期

在投身设计过程、下苦功夫将设计方案雕琢完美之前，**追求完美**还有另一种更具欺骗性的表现形式，出现的时间更早——那就是没有为干系人设置实际可以实现什么的预期，就开始凭空设计。为了使自己免于陷入完美主义，刚开始跟团队接触时，就要帮大家设置预期，这一点非常重要。我们希望朝大家认可的和谐的终点努力，以避免极具杀伤力的返工。这项工作对设计师来说没有难度，但具体实施的时候，要确保讲清楚在当前、下一版本以及未来充满神秘色彩的结点上，交付成果分别是什么形态。即使（特别是！）是敏捷项目也要这样做。

在理念不一致的前提下进行设计可能会破坏最终产品。产品不只是集合了一堆松散联系的功能。它还要求设计和交互具有连贯性，用户从某处学到的知识必须能用到下一处，并能得到相近的结果。如果产品没有运用这些规则，用户就会感到无法为产品建立起心智模型，从而永远不再用它。

设计理念不必面面俱到，但需要往前看得足够远，便于实现设计理念的团队做出巧妙的决策，日后再实现新需求时，当前产品的主要心智模型或架构就不需要返工。团队每个人都要知晓设计理念，将其记录下来，防止它因个人的解释或不可靠的记忆而发生变化。常见做法是将其写在纸上并贴到墙上。

当你把雄心勃勃的最终目标贴到墙上后，人们自然就会对各种可能性感到兴奋，开始想尝试最喜欢的功能。这会引发“特征蔓延”（feature creep）问题，因此必须为何时实现什么设置好预期。项目刚开始不久，你们要作为一个团队坐在一起，制定一套语法，便于自由讨论项目的任意项目目标和中间过程。这样做有助于你们对最终产品形成全局性认识，同时也是出于节省时间和精力的需要，因为可省去中间交付成果和用来演示相关功能的产品。

10.3 引入功能语法

作为例子，下面介绍近期一个项目使用的功能语法（见图 10-1）。客户要求我们在时间较紧的情况下开发一款强大的摄影产品，我们利用这个功能语法合理地设置客户期望，向其讲清楚了会在第一版看到哪些功能。

图 10-1 功能语法示例（版权所有：James O’Brien）

除了功能需求，我们还需要开发一套跟视觉媒体高度吻合的交互语法，并交付满足产品规则的微交互。这些规则涉及工程工艺、寿命以及对新手和老手是否友好。

首先出现的一个问题是，尽管留给第一个版本的时间很紧，但是主要干系人非常喜欢我们探究得到的很多想法，将其作为承诺加入了版本计划当中。虽然实现这些功能很好，但却破坏了预期，导致干系人一而再、再而三地对开发人员按时交付的成果感到失望。然而，如果无法跟客户从整体上探究产品，就无法开展工作——从而导致设计理念上的巨大分歧。

为了解决这个问题，我们跟干系人和客户达成一致意见，把讨论过、画过图、召开过工作坊或做过原型的一切内容都放到以下四个“桶”中的一个。

(1) **基准**——第一版需要交付的一切功能，能让用户使用最小可行产品（MVP）实现最小的一组目标。它包括原始能力（典型的项目也许会将其定义为功能）和一部分交互语法，后者是用户建立如何在产品中完成任务的心智模型所必需的。

(2) **乐观**——交互语法超出现有能力的功能和特性，将添加到最小可行超预期产品中（minimum delightful product 或 minimum delightful wow）。由于交互语法具有向前发展的特点，这个桶中很多内容增加的是用户的喜悦程度而不是功能。一旦“基准桶”中的需求被满足，首次发版时开发出来的任何其他功能都放在“乐观桶”中。

(3) **愿景**——关于产品努力**方向**（不一定**实现**）的长期看法，便于做出明智的决策。比如，如果知道某一特定手势更适合在后期迭代开发的功能中使用，那么现在就限制使用它。首次发版时，为**愿景**制作的交付成果通常用于向众多干系人解释和证明决策的合理性。

(4) **探索**——如果一项需求不属于上述任何一种，就贴上这个标签。在这个桶中，除了未来潜在的功能，我们还可以探索让用户惊喜的功能、微交互、手势、语言、界面相关概念和大量有价值的差异化用户体验。项目团队约定这个桶中的内容并不代表最终要交付的功能或交互，但如果其价值得到认可且符合项目的范围要求，就可以把它加到上面的某个桶中。这个桶为捕捉有趣、意想不到的新想法提供空间，但我们在估算第一版的基准时要管理大家的预期，告诉他们第一版不会实现这些新奇有趣的想法。

作为设计师，使用以上“桶方法”便于把交付完美产品的愿景跟截止日期到来时交付有限的早期功能区分开来。因为要按时交付“基准”和“乐观”这两个桶中的功能，会将我们的注意力放到可能实现的范围内，同时留出充足的时间探索未来。但要注意平衡花在两者上的时间，确保我们不会因深入终极愿景的细节之中而开始变得排斥改动。即使在第一次发版之后，各个桶仍旧可以留在原地。这样，尽管仍然有一个长期的愿景等待检验，但是我们能把适度的注意力放到下一次迭代上。

在设置预期方面，"桶方法" 非常灵活、强大。可以推广该方法，开发一套适合自己需要的 "桶方法"。你可以用索引卡充当桶并将其钉在墙上，也可以使用可共享的在线电子表格。确保捕获大家的想法并为其分类。

当有人问起第一版**有什么功能**或**没有什么功能**时，使用这些桶来进行回顾。一定要**随时准备三只桶**，分别盛放进行中、尚不成熟和离现在很遥远的想法，并设置如下预期：如果一个想法不在另外两只桶里，那就一定在剩下的这只桶里。

"桶方法" 还是创建路线图的好工具。路线图是产品或服务的长期愿景，用来记录由于时间和预算的限制，没有在当前版本实现、但期望安排在日后实现的所有想法。

10.4 折中

所有项目都有需要折中处理的地方，因为我们没有用不完的时间、花不完的钱和无穷的人力来开发软件。

有一个广为人知的说法："快速、便宜、优质。只能选择两样。" 你无法同时（超常）满足这三个需求。我们用这样的三角形来指导项目目标（见图 10-2）。干系人和客户当然想尽快以尽可能便宜的价格获得他们想要的一切。遗憾的是，这不现实。

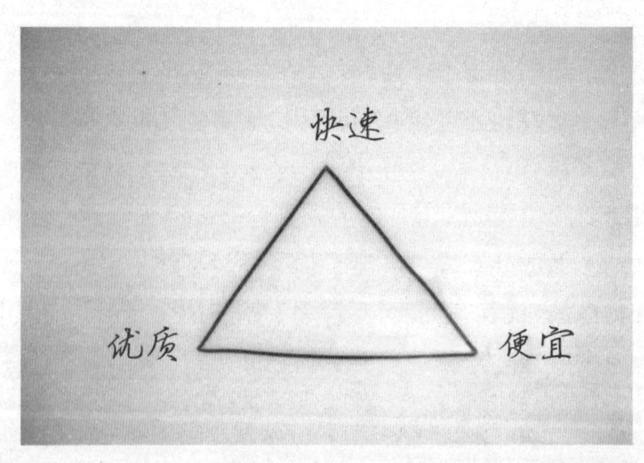

图 10-2 "快速、便宜、优质。只能选择两样。"（版权所有：Martina Hodges-Schell）

当团队不切实际地要求缩短时间、添加**关键**功能或限制用户体验员工的数量时，要为团队设置预期。当你发现预期和实际交付成果相矛盾时，有义务跟团队沟通。我们经常遇到这样的设计师，他们允诺的事情远远多于在给定时间内能尽力完成的事情。

10.5 可持续的步调

检查自己的完美主义倾向还意味着对能在给定的时间段内做什么实事求是。有很多设计公司培养的价值观是，以晚上还在工作的人为英雄：想按期望高质量完成工作的唯一方式就是在健康的上班时间之外多工作相当长一段时间。如果你经常加班，我们想提醒你，这样做对自己和团队都没有任何好处。

跟团队进行更广泛合作的重点在于，找到一种可持续的设计速度，与开发等其他离不开设计师互动的团队保持相同的节奏。用户体验跟开发的整合之初往往非常痛苦，但你们的工作速度不必相同。因为在处理不同大小的任务时，不可能保持相同的速度。你需要寻找方法调整工作流，寻找能跟他人进行互动的模式。

可持续的步调指的是理智地对待交付成果和交付方式——**极力减少不必要工作量的艺术**，正如《敏捷宣言》[1]所讲。如果干系人同意签收你的草图，开发人员也能够依照草图和跟你的沟通开展工作，为什么还要费劲制作完善的线框图呢？这种更为明智的工作方式的最终表现是，开发人员和设计师结对工作，唯一的交付成果就是交谈和最终的产品。作者提醒：不是所有的团队或产品都适合采用该工作方式。跟团队的其他成员交谈，了解他们能胜任什么工作、对哪些工作得心应手，并且把注意力放到这些事情上。让其他可能的交付成果成为**不必要的工作量**。

这些交谈应该持续进行下去，甚至延伸到每个单独的用户故事。这种工作过程也要适合你使用才行——如果开发人员认为自己可以照着草图进行开发，但无法正确解读草图，这时就需要你想方设法增加背景信息，以便下次获得正确的结果。

10.6 用户体验债务

如果你需要削减现在可以立即处理的工作量，可借鉴开发社区中的一项技巧。Ward Cunningham 发明了“技术债务”一词来描述软件项目中“你选择不立即去做，但留着会阻碍将来开发的内部工作”。[3]

类似地，你可以把“用户体验债务”引入产品开发。由于当前的时间或其他限制，可暂不实现某些重要的用户体验工作，先把它们记录下来。但是为了创造良好的用户体验，在开发产品或服务的过程中必须完成这些工作。

10.7 知道自己完成了

知道自己完成了工作，这件事的难度之大令人难以置信。在持续交付的环境下，你可能感觉自己永远都完不成。遇到爱争吵且抱怨不休的干系人拒绝签收你的作品，你同样像是陷于没有尽头的迭代过程之中。

把工作拆解为若干块。用户能成功实现他们的目标吗？视觉设计传递了品牌目标吗？反馈是积极的吗？使用用户目标和业务目标驱动决策，不管每个人喜不喜欢你的想法。同样，要对自己真诚，认可自己已经达到了目标，再多做任何工作都会让效果递减。多花一周时间只为让 5%的内容更加出彩？我们通常不会建议你这么奢侈。对于不用考虑商业方面限制的个人项目，显然要另当别论。

我们坚信，检查自己的完美主义倾向并不意味着草率地应付工作。我们希望你在投入过多精力破坏作品、导致成果不合格之前，把好的成果交付给他们。

10.8 从创业企业家那里寻找灵感

在跟完美主义倾向作斗争时，有一句伟大的话可以提醒我们："如果发布的第一版产品没有让你感到尴尬，那么你等待的时间已经太长了。" Jeffrey Veen 是在新产品上市的背景下说的这番话[4]，但是当我们纠结于设计项目是否应该交付、是否认可工作已经完成时，这句话也可以起到提醒作用。

只有投入市场，产品才能真正地接受测试。假如你用传统设计过程设计一款功能齐全、完美的产品需要 18 个月。现在想象一下，竞争对手能在 3 个月时间内开发一款 MVP 产品并投入市场，然后用剩下的 15 个月了解产品使用情况，进行迭代开发，努力完善产品功能。当你的产品发布时，谁更了解市场上的用户如何使用这种类型的产品？谁已经拥有了固定的用户基础？谁已经就这种类型的产品应该如何工作设置了预期？谁又能够响应过去 15 个月来数字领域和用户需求的变化，并添加对当下正热的新型第三方服务的支持（你们可能还没有关注到这种第三方服务）？永远不要介意最初的 MVP 不是世界上最好的产品。几乎可以肯定，等到传统竞争对手推出产品后，你的产品会比他的更好。

趋势是**更快**：市场发展得更快；别人图谋占领你的一部分市场；在移动领域，等到一个传统设计项目入市，一代移动设备都大势已去。

10.9 在 3 小时、24 小时、一个周末之内把想法投入市场

对于崭露头角的新一代数字企业家而言，这个时代正在教导他们怎样在数小时或至多一个周末之内把想法投入市场。我们有各种可用的工具，工作更加关注如何快速测试假说，以对资源尽可能小的影响弄清楚我们的想法是否行得通。

创业文化和精益实践正在影响我们设计数字产品的方式，接受**永久测试版**（perpetual beta，指可变为 MVP 的低保真原型）的心态愈发必要。预先进行大型设计，以及第一次就以最正确的方式交付完整成果的完美主义倾向很快就会过时。我们需要适应形势发展的需要，更加敏捷地工作，少些浮夸和完美主义倾向。知道何时画上休止符很重要。

10.10 总结

“够用即可。”虽然我们都想生产最好的产品，但要保留从以下角度思考问题的习惯：我们的想法跟不切实际的设计理想有多接近？每个阶段都要扪心自问，对于设计和开发，是把功夫用到值得做的功能上还是枉费时间过分雕琢。我们需要对工作的媒介保持客观的看法，并要记住交付成果要对可能和尚未预见的东西做出响应。

10.11 “追求完美”反模式

我们想把工作做到最好，但在方案达到最佳效果之后继续工作就会降低时间利用率，并为干系人和客户设置不切实际的预期，从而破坏交付。完美主义会扩展现有工作，用掉所有的可用时间，但是在当今软件开发世界中，时间是弥足珍贵的，竞争对手决不会把时间花到追求完美上。我们与之竞争，就要在设计过程之中寻求效率。要认识到把工作做到最好指的是，知道自何时起下再多功夫也不会增加价值了。

10.12 你已经在反模式之中了

- ❑ 项目生产率下降。
- ❑ 作品没办法通过设计评审环节。

- 项目经理威胁要推翻你的思路，照他们的想法发版。
- 你因没有足够的时间把工作做好而倍感挫折。
- 你投入额外的时间来完善作品。
- 你筋疲力尽，感觉自己无法保持现有的步调。
- 你觉得可以为了按自己的方式把工作完成而付出免费劳动。

10.13 模式

10.13.1 检查自己

对于反馈而言，诚实是我们最看中的品质之一，但反馈的诚实源于人们对自己诚实。批判地看待你的工作方法，关注客观的评价标准，比如结果。你是不是有时把过多时间投入到一个好想法上了？为了满足自己的标准，你经常加班到很晚吗？识别你的完美主义倾向，坦率地想想这种倾向在多大程度上与产品相关，又在多大程度上与自我确认相关。

这种模式一开始很残忍，但它是让你的眼界成熟起来的重要一步。使用内部反馈，诚实地看待你的假设和方法，将有助于更加客观和理智地看待外部反馈。当你需要引发别人的同理心时，它还能帮你更加清楚地陈述方案、表达观点。

第14章介绍了实现这种模式的一些方法。

10.13.2 设计/用户体验债务

交付工作迅速向前推进时，尤其是在采用精益方式的环境中，创造全面的用户体验往往让位于交付一些可行的功能。用户体验债务可确保公司留出时间，重新把注意力放到用户体验上，否则，一旦有很多依赖关系建立起来，你就会被次优的用户体验绑架到底。

引入用户体验债务有两个功能。首先，它跟踪用户体验债务的存在，不让其随着开发的推进而被忽略。其次，它把用户体验债务作为一种产品风险摆到公司极其显眼的位置。“产品风险”比“次优设计”更可能得到认真的对待。

怎样引入用户体验债务呢？从开发团队跟踪技术债务的方式那里，你可以学到宝贵的一课。债务往往跟其他用户故事出现在相同的地方，例如看板（Kanban board），其中使用不同的卡片颜色来表示**危险**或**警告**，比如用黄色或红色。一些团队甚至为债务单独分配了一栏，每个团队成员都可以随着债务的累加而跟踪债务总量。我们建议你使用**完全**相同的方式引入用户体验债务——实际上，甚至可以放在相同的位置。让用户体验债务和技术债务看起来重要性相当，这样公司就会学着去以同样的紧迫程度对待用户体验债务。

最后，应该把什么当作用户体验债务呢？我们建议你在引入用户体验债务时尽量克制，至少等到你的团队意识到它的价值并信任这个概念之后。不要用它来追求完美，否则很快就会降低它的价值。当出于交付或实验的考虑对用户体验做了明显的让步时再使用它。"真正"的解决方案必须做到定义明确，随时准备好实现。

10.13.3 区分形式和功能

将高保真的视觉设计跟低保真的交互设计区分开来，创建有助于将注意力放到交付成果上的模块化工具集。视觉设计可以采用现场制作的形式，比如通过支持共享的在线形式制作，便于迭代。

10.13.4 草图+代码

直接编写代码把纸或白板上描述想法的草图实现出来，可以解放生产力，节省大量宝贵的时间。如果这不是你的长处，可以跟能用代码制作原型的同事结对工作，省去用 Photoshop 或 Illustrator（或你选用的其他工具）等工具制作静态设计稿这一耗费大量人力、追求像素级别的环节。这样你就有时间把注意力放到解决更多设计问题上，而不是追求提高几处细节的保真程度。

10.13.5 跟开发人员结对工作

理解媒介的局限性，有助于识别在哪些地方即使投入再多精力也不会带来什么结果。跟开发人员结对工作，以便更好地理解技术上的限制。这样做还有一个额外的好处：开发过程团队会给你带来坏消息，说你的想法无法实现，让你事先尝到后面开发过程会遭遇的各种挫折感。

10.13.6 90%法则

如果你知道自己有完美主义倾向，常常加班到深夜、感到头痛，项目也因此延期，可以尝试运用“90%法则”。简单来讲，当你认为作品的完美程度达到 90%时，就交付它。一开始可能感觉困难，但从长期来看，这对产品开发、团队都有好处，还能使你保持清醒的头脑。

10.14 如果他人用这种反模式伤害你

- 干系人若对完美程度有明确的想法，也许会拒绝接受自认为细致程度不够的作品，因此尽早为其设置预期很重要。引入一种模块化设计方法，分别展示产品的外观和整个系统的交互。这种方法不必为每一屏、每个元素投入大量时间，设计时不必精确到像素级别。
- 跟开发人员结对工作也可以教育开发团队。帮他们理解在你的用户体验设计作品中为什么“有则更好”的元素没有某些特定功能更为重要。向他们提供工具，帮其安排设计目标的优先级。

10.15 本章术语

- 功能语法
- 用户体验债务
- 设计债务
- 技术债务
- 可持续的步调
- 路线图

案例研究

纽约 Pivotal Labs 公司产品设计副总监 Jonathan Berger

图 10-3 Jonathan Berger[5]（版权所有：Jonathan Berger）

设计是客观的还是主观的？

关于设计是否可以被客观地评价为“好的”，人们长期以来争论不休。但我们到底是在评价什么？我们倾向于不去区分高度客观和高度主观这两种不同类型的设计。(例如，营销和品牌设计具有高度主观性，而用户界面设计最好客观地评价。)在进行品牌设计时，专业设计师也许可以就颜色和形式等设计基础环节向客户提出建议，但最终如果客户感觉设计不好，那么设计就没有成功。相反，设计可用的用户界面更加客观：模式是现成的，再加上能对方案进行测试，我们总是可以非常自信地说一种方案（在客观上）好于另一种。

这是一个问题。即使是专业设计师，讨论工作时也倾向于不区分不同类型的设计。更重要的是，当我们审视不同类型的设计工作时，都用“完成”这个词，以至于把意思混淆了。说的是设计新的商标和品牌吗？那么“完成”的意思是安排几轮迭代，找客户多次确认。说的是设计注册表单吗？“完成”可能仅仅表示“用户能够实现他们的目标”。

把这种工作交给非专业设计人士以寻求认可，就像是从牙医或外科医生那里寻求客户认可一样不切实际。如果风险较高，谨慎的做法也许是再次询问他们的看法，但是最好不要说：“我就是不喜欢你的判断。能在下周向我展示另外三种选择吗？”

讲述客观和主观设计的策略

怎样才能解决这个问题？

- 为非设计师制作更好的用户故事，解释主观性反馈对设计的哪一部分有好处，对哪一部分没有好处。
- 发起谈话，讨论不同设计类型以及每种类型的主观程度。下面展开讨论。

临时的设计类型分类

如果我们认同，基于具体的设计类型，对设计作品的主观反应具有不同的可利用程度，那么该如何谈论这一点呢？严格的等级分类不适用。粗分类有助于引导对话。我们尝试从最主观到最客观进行分类。

最主观

- 视觉设计（营销/交流）——“我们应该怎样设计我们的品牌？”
- 产品设计——“我们应该尝试解决什么问题？”
- 视觉设计（图像设计）——“这种配色方案能否有效地引导用户的注意力？”
- 用户体验设计——“该产品能否吸引用户完成他们目标？”
- 用户界面设计——“该界面能否帮助用户完成他们需要做的事？”
- 信息架构——“这种信息架构是否有助于用户为我们创建的世界建立心智模型？”

最客观

长话短说（Too Long；Did’t Read，TL;DR）

主客观评判有何用途因设计的类型而异，而且我们并没有很好地讲清楚。如果作为设计领域的业内人士，能够让客户明白不同类型的设计具有不同的主观程度，我们就能减少很多痛苦——还能为客户节省更多钞票。

Jonathan Berger 是一名设计师、开发者和技术专家。大约自 2005 年起，他开始活跃在纽约市技术圈，从事产品开发、演讲和活动组织。作为一名咨询顾问，在过去约 6 年时间里，他参与了大约 30 个项目，但一直以来都把创建敏捷设计实践作为自己的产品。他把在每个设计项目中加入 Comic Sans 字体视作关乎荣誉的大事。

10.16 参考资料

[1]《敏捷宣言》. 来源：http://agilemanifesto.org/ [访问日期：2015.1.10].

[2] Kizer M. “Teaching Lessons in Scenic Design: Art from Nothing”. 来源：http://broadwayeducators.com/?p=904; 2013 [访问日期：2015.1.10].

[3] Cunningham W（最后编辑）. “Technical Debt”.来源：http://www.c2.com/cgi/wiki?TechnicalDebt; 2014 [访问日期：2015.1.10].

[4] Veen J. “How the Web Works”, UX Week 2010. San Francisco. 来源：https://www.youtube.com/watch?v=1apQS-VgK9w; 2013 [访问日期：2015.1.10].

[5] Berger JP. “Sustainable Pace”, Balanced Team 2013. San Francisco. 来源：https://vimeo.com/85274539 [访问日期：2015.1.10].

小提示

(1) 完美主义无法创造优秀的设计。

(2) 创建功能语法，管理团队对于“完成”的期望。

(3) 形成可持续的工作节奏。为了追求完美，点灯熬油忙着加班，长期来看不可行。

(4) 把用户体验/设计债务这笔账记入日后需进一步探讨的设计工作之中。

(5)“如果发布的第一版产品没有让你感到尴尬，那么你等待的时间已经太长了。”（Jeffrey Veen）[4]

第 11 章　回应语气而非内容

“有多少战争因煽风点火者而骤起！又有多少引发战争的误解本可通过暂缓行动而消除！”

——温斯顿·丘吉尔，1985，Vol I

在前几章，我们讨论过每个成员对团队所用词语理解一致是多么重要。但即使你用了准确的术语，交流过程中的另一个因素也会影响别人，使其误解你的意思或动机——那就是语气。即使语气上一个微小的变化（例如，强调句子中的不同词语），也有可能向对方传达意思大为不同的信息。

一个经典的例子是“我没说他拿了我的钱”，可很好地说明上述观点。为这个句子的每个词分别添加简单的重音效果，可为其赋予不同的潜台词。

重　音	潜 台 词
我没说他拿了我的钱。	但有人这么说。
我**没**说他拿了我的钱。	真的没有。我没那么说；那不是我说的。
我没**说**他拿了我的钱。	但暗含这个意思。
我没说**他**拿了我的钱。	但有人拿了。
我没说他**拿**了我的钱。	但他通过某种方式得到了。
我没说他拿了**我的**钱。	但他拿了别人的。
我没说他拿了我的**钱**。	但他拿走了我别的东西。

看到其中一些潜台词的意思完全相反了吧，尤其是第二和第三种解释，分别为“他”开脱以及控告“他”有罪。尽管词语没变，句意却颠倒了。自己尝试一下这句话：“我没说我们应该放弃这个功能。”

这些例子展示的是一个仅由几个词语组成的句子使用的简单重音效果。现在想象一下，在从研发产品到投入市场的过程里，会有各种不同的语气（从柔和的私语到愤怒的尖叫）应用于大量交谈之中。如果你误解了别人的语气或别人误解了你的语气，就很可能会惹出麻烦。

11.1 非语言表达也重要

我们感觉自己一直都能觉察到周围环境的存在，但这其实只是一种幻觉，来自于大脑填补感知空白的神奇能力。我们自认为观察到的大部分内容实际上是根据经验做出的一系列猜测。然而，这也可能意味着，我们会对**自认为**观察到的事物仓促下结论。Albert Mehrabian 发现“面对面交谈时，语言表达部分占交流的不到 35%，而超过 65%的交流是通过非语言表达来完成的”。[1]

回想上次与别人交谈时心不在焉的情况：你是不是被他们的语气带着走，用余光观察他们的姿势，在恰当的时间点头，其实并没有理解他们在讲什么？尽管缺乏明确的意识，我们的大脑仍然在持续不断地观察并评估每一次互动时非语言表达方面的信号：根据先前的经验，运用猜测能力筛选信号，快速做出判断，并从诸如姿势、表情和视线等不太明显的信号来推断隐含的内容。

但不幸的是，这样并不总能得出正确的结论。

孩提时代，我们没有接受过关于如何交流的任何正式教育。我们通过发现限制以及超出限制时别人的纠正，在实践中学习。上学后，交流方式的基础已经成型，我们跟同龄人之间的社会交往决定着交流方式如何发展。互动风格就这样增量发展，消极或积极的强化因素对其起着同等重要的作用，各种社会压力都会使其发生改变。

在一个有代表性的产品开发团队里，成员个性各异，对语气的认知往往不一致。有些成更员关注人，另外一些则更关注任务。有些人挽起袖子说干就干，另外一些则遵循更加理性的方法。只要成员中有任何等级的存在，权力都会起作用；即便采取了所有正确的步骤来最小化等级之间的差距，仍是如此。

11.2 语气因文化而异

我们的工作正在变为真正意义上的全球化，如今团队的所有成员都来自同一文化背景的情况很少见。这会带来语气认知上的巨大分歧。即使在美国国内，东西海岸之间在正常交流上的语气也有所不同。跨越大西洋来到英国，充满危险的阶级差别加剧了分歧，把问题更加复杂化。如果各方母语不同或像英国和美国那样有显著不同的文化，情况会更为棘手。所有文化都有内在的假设和限制，但人们很容易被热情或挫折冲昏头脑，忽略它们，从而不会学习他人使用的新型非语言表达方式。

警告

作者也难免受语气因文化而异的影响。我们有过在英国、美国和欧洲大陆部分地区工作的经历，本章这些例子和建议正是来自我们的亲身经历。在上述地区之外的文化里，也许激烈的语气是正常交流的重要组成部分，又也许只有听众在场时互动才有分量。我们建议你仔细研究自己工作文化中的“正常”语气，把它作为理解本章的一面镜子。

11.3 理解上的鸿沟

所有这些因素都意味着，人们很容易将说话人根本没想表达的意思强加于其语气之上，或遗漏语气所暗含的意思。这可能导致抓不住重点，在问题演变为危机之前白白错过解决的机会，甚至激发一方的情绪反应、使双方交恶。

准确说来，我们并不认为对工作投入感情有什么不好。我们从事的是雕琢用户体验的工作，无感情、不体验。如果我们冷冰冰地对待这项工作，无感情投入，就不能够捍卫用户的体验。然而，用户体验工作非常重要的一部分是解释用户体验给公司带来的价值，至少在本书写作时是这样。很多公司不喜欢以用户为中心的产品设计理念，尚未理解投资用户体验这样的软输入能带来什么回报。在与用户体验设计师交往时，这些公司需看到情感和理性之间的平衡。如果在这个教育过程中，无法找到激情和逻辑之间恰当的平衡关系，用户体验就有被当作主观学科的风险——暗示其不了解业务实际。一旦组织中有足够多的人持这种认识，用户体验就会从原来的必不可少变为“有则更好”，并且创造最佳用户体验所需的时间、预算和支持也将迅速减少。今天提高嗓门表达意见也许能得到好的结果，但下周你也许就没有机会跟他们辩论了。

当然，正如第 3 章讨论的，这样做还存在向同事发送消极信号的风险。取决于对方是谁，相同的回应既可被看作积极的辩护，也可被理解为咆哮的争论。了解同事的偏好和交流风格对于以有效的方式传达信息至关重要。传递自己的情绪信号，也可帮助对方就你的语气真正想表达什么意思设置预期。当本书的一名作者被怒气的阴云笼罩时，他的同事就会让办公室里的其他同事周知，每个人都不再使用粗暴的口吻。

请记住，听众的参与会影响对语气的感知。听众具有放大等级或派系结构的作用，可能其他听众只是注意到其参与就会感到局促不安。当房间内有观察者在场时，解决两个人之间的小摩擦看起来就像公开的斥责。

最糟糕的场景莫过于，你慷慨激昂地表达不同看法，引发同事用更加激动的情绪表达看法。两个人（或更多）最终转而比试谁的嗓门更大，谁的语气更犀利，而其实从一开始就根本不存在纷争。如果意识到语调的提升，搁置问题、冷静头脑后再细究是较好的回应方式。

如果你喜欢趁热打铁给出回应，确保遵守如下简单的规则：永远记得对事不对人。对某人的意见表达激烈的不同看法很危险；尝试修复破损的人际关系也许要花费几年时间。

11.4 你是谁和别人认为你是谁

通过别人的眼睛看自己是一项难以掌握的技能。之所以困难是因为人们在看到他人第一眼时就自然而然地开始做出判断。甚至在你开口说话之前，人们就已开始观察你的发型、姿势和衣着，并形成对你的最初预期。这往往导致他们的预期和你的实际情况产生冲突（见图 11-1）。

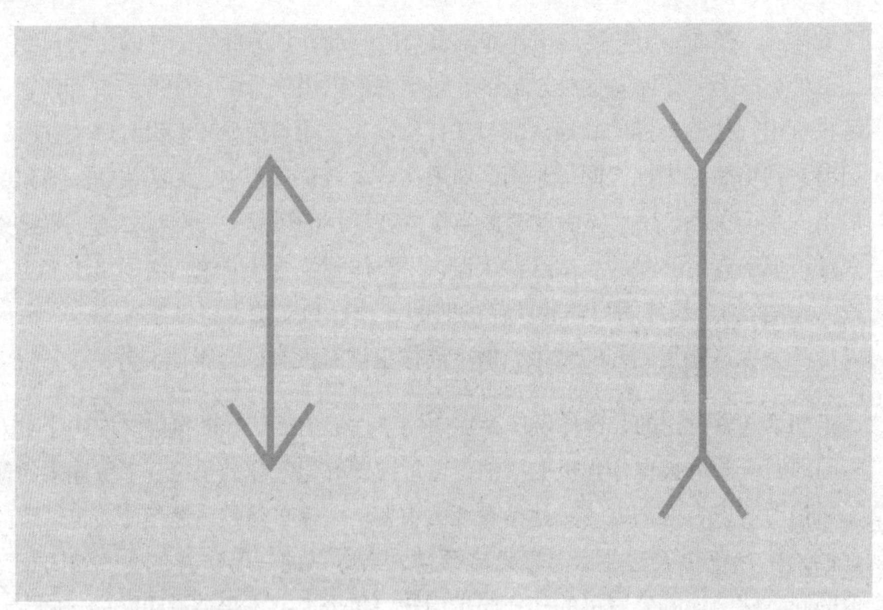

图 11-1 感知和现实可能会有所不同：垂直方向上的两条线段长度相等（版权所有：Martina Hodges-Schell）

例如，James 讲话带英格兰口音，因此很多人认为他是英格兰人或英国人。虽然他生在伦敦，也在那里工作，但他一家是爱尔兰人——比起英格兰人一贯冷静的做法，爱尔兰文化处理人际分歧的方式要更为激烈。他发现把自己性格中暴躁的一面压制下去后，英国同事对他的接受程度最高，因为英格兰人将暴躁视作具有攻击性。然而，如果西班牙人或带有浓重都柏林口音的人表现暴躁，英国人则更倾向于把这当作正常的情绪表达。

Martina 是德国人，尽管在伦敦生活了 19 年，但伦敦人仍会极其严肃地对待她的幽默感。这只是个糟糕、老套的笑话吗？

理解你给别人留下的第一印象以及别人为此设置的预期，对有效交流至关重要。这并不意味着见第一面时就努力成为别人心目中的角色——但理解别人最初对你的感知，有助于调整别人对你的印象，把更加符合实际的形象展示给他们。

非正式社交场合最适合向认识你没多久的人征询看法，打探他们是否为你当前的表现跟给他们留下的第一印象不同而吃惊；如果他们感到惊讶，那么程度如何。跟他们进行一次有趣的聊天，不要像做调查似的。具体做法因人而异，故无法给出具体建议，但通常而言，你有以下两种选择。

可以在最初见面和简短谈话上下功夫，工作日经常换换衣服，改变自己的姿势等，以**调整留下的第一印象**。当然，我们都不想成为公司里令人讨厌的人，因此建议你不要做超出个人风格的事。举例来说，作者的同事 Richard Wand 非常喜爱身体艺术，在身上 56 处不同的部位打了孔。他留给别人的第一印象有点吓人，因此参加新业务会议和做自我介绍时，他会摘下饰品或换上不那么显眼的饰钉。时间一长，跟别的团队逐渐熟悉之后，他又会重新戴上平常喜欢的“真正”饰品。

另一种方法是，当别人刚刚对你设置了预期时，可以直接对其发起挑战，以**重置预期**。讲一个关于自己的笑话，温和地自我贬低，总是有助于消除隔阂（至少对英国人是这样）。展示作品之前，给出干脆直接的免责声明，可帮助重置文化方面的错误预期。略微强调自己生活中令人意想不到的一面——一个不同寻常的爱好、一个古怪的住处或一段离奇的家族史——可让人们抛弃对你的固有印象，重新理解你是一个什么样的人。Richard 也使用了这种方法。在公司之外进行展示时，他使用蒙太奇手法精心制作介绍个人情况的幻灯片，展现跟自己的两个孩子一起玩耍等家庭生活画面，讲述外表之外更多关于自己的故事。

11.5 宜家效应再次生效

第 8 章讨论过宜家效应，它让人们为投入时间的工作赋予比实际更高的价值。当这种效应产生时，（感知到的）语气的对抗性越强，我们的价值系统感受到的冒犯意味越大，从而“有理由”给出更强硬的回应。

我们先前还说过，干系人倾向于用自己完整的解决方案来回应我们的提议。这对我们的设计过程和做出的假设构成挑战，然而决定了干系人解决方案的见解可能并不会动摇。（反之也一样。如果在你展示优雅的解决方案时，干系人看起来十分茫然，可以从第 4 章找到解决方法。）如果你能把他们的解决方案和自己明晰的见解联系起来，就能取得真正的进展。但是你在此过程中需仔细拿捏，使用温和的语气，避免听上去像是在辩护。本章及之后两章介绍的模式可助你选择适合这些时刻的语气。

11.6 被访者疲劳

“被访者疲劳”是用户研究中存在的一种著名效应，指的是被访者达到一定的临界值之后停止配合（Lavrakas，2008）。[2]结果是反馈质量下降，被访者失去回答更多问题的兴趣。如果强迫他们继续，被访者回答问题时会厉声戾气，不乏挖苦讽刺之语。作为反馈会议的主持者，你要对该效应保持高度警觉，尤其是大家不好好配合时。积极地避免这种效应，在安排工作坊和评审会时，增加多种不同的环节和中场休息时间。如果你在会议中感觉出现了该效应，可使用“打破当前状态”模式给自己一段恢复精力的时间。

11.7 总结

尽管我们想尽可能保持理智和克制，但参与产品创建的每个人都是凡人，缺点是不可避免的。比起意气用事赢得当时的争论，相信大家没有弦外之音、缓和他们的情绪更有助于争取到其信任，从而交付更好的产品。对自己的情绪状态做到心中有数，感到自己好斗的劲头上涌之时，及时调整自己的情绪。

11.8 “回应语气而非内容”反模式

语气可能完全改变句意。人们很容易误解对方的语气和意思。在最坏的情况下，它将使双方陷入争论的漩涡，使彼此产生敌意和不信任感。我们需清楚自己留给别人的第一印象和个人表达方式将如何引导别人解读我们的语气。要认识到，假定别人没有弦外之音更为明智。

11.9 模式

11.9.1 设置预期

如果有机会解释你在展示作品时的风格，可顺便说一句："如果你们发现我讲话声音很大并且手舞足蹈，我保证这只是出于想把产品做成的激情。"这会为你赢得意想不到的好感。

11.9.2 换种方式重述

这是一种快速而有效地测试你对别人语气所做假设的好方法。用自己的话描述你对问题的理解，并进行回放："你说文本想用 Comic Sans 字体，是为了让网站看起来更活泼吗？"换种方式重述对方的话，也是在鼓励对方用不同的术语表达他们的响应，而不是简单地重复第一次所说的内容。对方给出现成的解决方案时，这种方法还有助于探究反馈所蕴含的深层想法；你可使用该方法开启一段对话，讨论方案是怎么来的，以一种足以引起他们重视的方式展示自己的看法。该方法的另外一个好处是，它是一种**印证式倾听**（reflective listening）形式。这种积极的倾听技巧展示了参与和理解，能为双方构建起密切的关系。

11.9.3 "是的，并且……"模式

从你张口开始，对话人就在判断你的响应，因此在一开始选用积极的词汇，才能让他们参与下去。没有人喜欢听不同的看法，因此如果你上来就来一句"不"，对方就会在剩下的时间里找各种理由反驳你。在即兴剧表演里，演员们**不能**对求婚说"不"，因为拒绝的话，戏就收场了；但也不能**只**说"是"，那样情节无法继续展开。为了继续表演且推进剧情，他们得说："**是的，并且**……"以这句话作为新的出发点，可引入新想法，展开情节。这是接受建议并将其引入可行方向的好方法。干系人想把 logo 做得更大一些吗？"是的，并且也许应该从整体考虑品牌的用途，保持一切协调。"

如果你被逼无奈要说出不同意见，仍可字斟句酌、以缓和的语气来讲，避免以否定语气开头。我们的常用技巧是用事实开头，有背景为反驳进行缓冲可以削弱否定的语气。例如，如果干系人根据一个很棒的网站提议选用不合适的技术方案，我们不说"不，因为……"，而是说"因为……，所以不"：

"那么，我们来看看调研结果。它明确告诉我们，用户希望在移动设备上使用这个网

站。很遗憾，这意味着 Flash 在这里不是一个合适的解决方案。"（一些人有使用口头禅的毛病，常以"那么"作为句子的开头。"那么"等发语词确实可以帮助软化它后面紧跟的生硬事实。）

你当然也可以用人称代词来组织响应的语言。"我想……""我不确定……""我听到的需求是……"之类的表述比直接否定要好得多，因为它们能带来机会，让你和干系人就不同的想法进行交谈。如果这是你唯一的辩护机会，交谈可以发现一些问题，并通过测试或深入研究以最佳方式解决这些问题——这是解决谈话中遇到的问题、推动项目进展的好方法。

11.9.4 沉默的力量

我们常推荐把沉默用作用户研究的工具：别人停止谈话之后，不要立即响应。立即讲话迫使你响应对别人语气的最初感知，而不是反思之后再给出响应。此外，如果你默不作声，就会迫使他们填补交流的空白，让你获得对其意图和假设的宝贵理解。你还可以使用 "多给我讲讲这件事吧"这样的"咒语"，它将对不太配合的人产生相同的效果。你甚至会发现，一些提出各种疯狂的想法、明显不好对付的干系人其实只是在自言自语时，一听到你这么说（或其他更为柔和的引导）就会在下一句否定这些想法。

保持沉默会让别人认为你不愿参与，这一点要留心。你可以扬起眉毛表示很感兴趣或点点头并表现出充满期待的样子，以此来表明你正在认真倾听他们的反馈。

11.9.5 大脑与身体关系的思考

留意你对所在场合产生的生理反应。如果你发现自己在椅子上坐不稳，身子往下滑，或肩膀耸到了耳朵边，那么你就不只是看起来充满防御性；这种姿势会使你**更具**防御性。如果你发现自己的姿势带有挑衅的意味（比如肩膀前倾，抱着胳膊，肌肉绷紧，斜视对方），要记住这时你的身体为对抗产生了一系列化学反应，会影响你的响应。当然，这也是在向会议室的其他人传递明显的非语言信号。把这些姿势调整为中性、开放的姿势（比如不把胳膊挡在身前，肩膀和肌肉放松，眼睛炯炯有神），你就会惊喜地发现自己的精神状态也发生了变化。

11.9.6 打破当前状态

如果发现自己的语气变得不随和，就要全力去改变它。可暂停会议 30 秒以调整情绪和精神状态。原本坐着的就站起来，原本站着的就坐下，停下来喝杯水，鼓励别人讲几句，甚至提议多休息一会儿，好沏杯茶（我们都在英国公司工作，这种方法屡试不爽；见图 11-2）。任何让你从先前状态放松身心的休息方式均可助你调整语气。中途休息几次还有助于理解会议内容。

图 11-2　喝杯咖啡休息休息（版权所有：Martina Hodges-Schell）

若要用该模式，最好直接说你想暂停一会儿调整状态：“我想我们有点兴奋过头了，不如休息 5 分钟，看看会不会清醒一些？”

11.9.7　镜子模式

我们喜欢跟自己相像之人，这是天性使然。模仿他人的语言和行动是博得他人喜欢的一种有效方法。跟不同类型的人谈话时，你可能无意识地改变口音——跟警官谈话是一种方式，跟汽车修理工谈话又是另一种方式——这就是一种模仿。采用干系人的术语和习语（假设你做得漂亮，看不出明显的奉承或模仿）是对该模式的扩展，展现了你对他们的理解，可成功利用干系人的潜意识。

11.9.8 正式会议前后的会议

会议是一种特殊场合，有自己的规则和礼仪。这意味着，在正式会议前后以不太正式的方式讨论问题，有很大机会避免会议上出现的多种反模式。正式会议之前的会议是建立密切关系、理清干系人关注点的好机会，从而可以在正式会议上有意识地解决这些问题。（或避免踏入雷区！）

正式会议之后的会议非常适合温和地澄清干系人的任何误解，不会因当着众人的面而让其感到难堪，还可以讨论实现方式或合作办公的目的。然而，一定要注意的是，这个时候不要破坏正式会议上达成的共识。

正式会议之后的会议还是与喜欢提出解决方案的干系人约定非正式评审和工作时间的好机会。这为他们留出了表达想法的机会，而且不会打乱下次反馈会议或设计评审会的安排，你也能了解更多背景以充分利用他们的输入。

11.9.9 在休息环节鼓励大家反馈

客户和干系人没有经历过“反馈 101”环节，因此他们几乎不会给出任何结构合理的反馈。比较好的做法是，在展示过程的休息环节，邀请他们进行反馈。否则，你会发现他们错过了很多小细节，而到了某个时间点，累积的所有反应会一股脑倾泻出来，让你感觉很受伤，并调动起防御心理。有时，设置预期能起到一定的帮助作用。跟他们讲你会先从头至尾介绍一遍，然后回过头来仔细探讨每个阶段，并顺便收集反馈。这样可以避免干系人质问明显的省略之处，因为它们实际上是后面阶段要处理的。

我们在第 4 章讨论了更多在这些情况下如何管理反馈的方法。

11.9.10 反其道而行之

遇到这些情况，最好的做法有时是反其道而行之：对方要什么，我们偏不给什么。当谈话即将升级为争吵时，我们使用一种最快的解决方法，那就是热情地表示赞成对方，为其降降温，让他们不再生气。他们冷静之后，也许会立即重新思考自己的立场。

11.10 你已经在反模式之中了

- ❑ 同事似乎不愿找你寻求输入；不得不找你时，他们从一开始就看上去很害怕，处于防卫状态。

- ❑ 干系人总是像举着刀子对着你，做好了驳倒你论点的准备。
- ❑ 干系人对你采取回避战术，不愿与你讨论工作。
- ❑ 你经常为曾经看来并不重要的决策辩护。
- ❑ 同事把你描述为“挑衅”“咄咄逼人”或“令人害怕”。

11.11 当别人挑衅或对你的语气产生误解时该怎么办

确定有人故意挑衅时，你最好调整**权力动态**（power dynamic）。你可以把活动变得更具合作性，让每个人的声音都得到倾听。反馈会议上不一定能开展这样的活动，可以使用“打破当前状态”模式介绍的一些技巧尽量调整，然后放缓自己响应的速度。让持挑衅心理的人推进活动，直到筋疲力尽，接着短暂调整自己、打起精神，然后用亲切和开放的表达方式平静、耐心地响应他们。请记住，人们往往把深沉的声音跟权威联系起来，因此如果可以，把声音降低八度。

记住用户体验的基本原则：**在别人质疑时讲个故事**。面对咄咄逼人的挑战，你可以把推理缩小为**何人**、**何事**、**何种原因**，讲一个关于讨论对象的故事并表现出激情。在功能决策的背后加入用户故事，有助于对方接受；讲故事，以及避免直接回应挑衅行为，可冲淡交谈中的紧张气氛。（如有可能）从人物角色的视角讲故事，拉开故事和你自己经历之间的距离，更易于听众接受。

若有人误解我们的语气，我们在扭转他们的思路时，很可能听起来防御性更强，甚至像是发起被动攻击。因此，要使用客观的说法，比如“我们都在为创建最佳产品而努力，因此情绪激动也是人之常情”。遇到这种情况，也可以暂停会议，利用机会调整语气，或为交流设置规则。如果问题看起来将会持久存在，那么**正式会议之后的会议**就是跟“搅局者”沟通的好机会，你可以说：“嘿，我想我们在这里或许有点分歧。如果我的激情看起来像是防御，真的很抱歉。今后怎么做才能确保在会议上实现最有效地沟通呢？”

11.12 小技巧

人们会把更深沉的声音当作权威。如果有意识地放慢讲话速度，你就会发现自己的声音自然变得更为深沉。往肚子里吸气可帮助你提高声音。练习用平静、理性的声音讲话，当你需要时，就可以有意识地使用这种语气。

安排会议时间和议程时，要考虑到认知疲倦现象。尝试把会议分为几个部分，每部分只讲一个主题，之间留出休息时间。站起来可增加大脑供血，通过运动可调整大脑与身体的关系。

别忘了文化上的差异。暴躁和情绪化在一些文化里是“常态”，而在另外一些文化里，挑战权威所说的任何内容都是禁忌。尽可能多地去了解你的听众——从跟这些团队或文化共事过的朋友或同事那里进行了解，甚至可通过“游猎”干系人之旅去了解他们。沉稳地响应听众的预期。

不要忽视那些积极挑战你的人。如果他们感到对你的想法有所有权，就变为你强有力的盟友，为你的工作辩护。尝试举办几次共同设计会议，邀请他们参加，让他们以不那么正式的形式共同探索新想法。在下次评审时，你就会转而享受宜家效应带来的好处。

11.13 本章术语

- ROI
- 宜家效应
- 语气
- 文化差异
- 社交风格

11.14 参考资料

[1] Mehrabian A. *Silent Messages*. 1st ed. Belmont, CA: Wadsworth; 1971.

[2] Lavrakas PJ. 来源：http://srmo.sagepub.com/view/encyclopedia-of-survey-research-methods/n480.xml; 2008 [访问日期：2015.1.10].

小提士

(1) 在会议上，认真思考如何响应以防止冲突的产生，比起影响别人的响应方式而引发冲突、再从冲突中恢复要容易得多。

(2) 理解用户，根据他们调整自己的语气。对于干系人，了解他们及其行事方式是第 1 章所讨论“游猎”干系人之旅的重要组成部分。

(3) 当事态走下坡路时，不要害怕，停下来休息一会，调整会议气氛。这比起尝试通过争论来解决问题要有效得多。
(4) 这几条建议旨在防止产生误解，但如果有人故意对你持敌对态度，对你伸出的橄榄枝不理不睬，就要把这事交给他们的经理或人事部门处理。任何工作场合都不应该支持好斗或霸道的行为。

第 12 章　辩护过激

我们倾向于把自己跟团队成员和干系人之间的每次分歧都看作一场战争，并且认为自己能打赢每一场设计之战——甚至认为**应该**打赢。有些设计师认为苹果公司设计部主任 Jony Ive 这样的人有足够的自由，不由地发出渴望的叹息，相信等自己的资历上一个台阶之后，就会面对更少、而非更多的质疑。不幸的是，所有设计负责人都会告诉你事实恰恰相反。资历越老，对项目预算和成功所负的直接责任越多。有这种责任在身，就要面对层级更高者抛出的难度更大的问题。

然而，这并不是说每个设计人员都要面对反馈。很多客户、干系人和团队成员都把设计和产品创建过程的其他因素割裂开来。他们往往更熟悉现金流和供应链这样可衡量、可查清的产品业务领域。然而，设计有一套完全不同的规则，对其他人来说并不总是显而易见的。面对懂规则的人，他们害怕自己提的建议会被视作幼稚或没品位。他们将会不遗余力地施展自由的创意——第 9 章讲过，他们其实并不是自己认为的设计盲。

若是你没有意识到其他合作者的设计能力，他们通常会在项目即将结束的时候一股脑地抛出一堆难以实现的反馈。更糟糕的是，他们可能决定再也不跟你合作了，因为得到的跟想要的完全不一样——尽管他们一开始坚持说自己没有任何想法。从很多方面来讲，缺少反馈很糟糕，因为它剥夺了你学习和成长的机会，使你无法找出什么不起作用，也看不到哪些方面符合要求。这种可定量性的缺乏从长期来看对你的自我形象无疑是灾难，比起真诚的反馈会议所带来的痛苦要严重得多。

12.1 识别这类客户

这类客户通常会说这样的话，从而流露出不确定性：

- “我一看到就能认出来。”

- “我负责业务，你全权负责设计。”
- “我不太懂设计。”
- “你能把它做得漂亮点吗？”

对于这些客户，重要的是帮助其理解：要想取得成功，需要把设计作为产品开发过程的一个有机组成部分。我们喜欢引用乔布斯的一句话：“人们认为设计就是做表面文章——把工具箱递给设计师，并告诉他们：‘做得好看点！’这不是我们所认为的设计。设计不仅仅在于外观和感受。”[1]

本书前面讨论了大量向客户介绍设计的方式。客户若有这种特殊的思维方式，就要准备用更多策略、投入更多耐心来解释，在展示时记得态度要积极：他们对设计的认识比自认为的要多得多，而且存在可衡量的客观收益。

我们需要反馈，就像开发人员需要演示代码，项目团队需要站立会议，原因在于：人和人际交流是不可靠的，预测未来是不可能的。我们用反馈这种形式确保参与项目的每个人朝相同的方向使劲。反馈不是让没有经过设计训练的人乱动我们的作品，而是为防止我们创建的完美作品无法实现或实现后却无法满足业务要求。反馈给人的感觉也许是痛苦的，但对于创建最好的产品却是至关重要的。

但是，如果参与设计过程的每个人都是善意的，那为什么反馈常常会让人感到痛苦呢？回想你用来劝说别人接受设计作品的技巧：让用户全心全意地接受一项决策的最好方法是让他在一开始的时候投入精力。正如第8章讲到的，这是我们所知让人们坚决拥护一项决策的最强有力的劝说性设计技巧，即使有时这样做其实并不理智。

现在请回想一下，在一般的设计工作中，制作交付成果需要投入多少时间、思想和精力。这些投入是实实在在、看得见摸得着的，以至于我们不惜一切代价去保护。我们偶尔也会使用上述劝说性设计技巧来说服自己接受设计作品！与此同时，我们工作时所依据的不完全准确的假设、忽略的细枝末节以及业务实际情况的变动却是不可见的。只不过对于提出这些需求的干系人来说，它们是具体、直接的。如果我们忽略他们关心的这些问题，或将其当作不重要的，那么讨论很快就会化为一场冲突：实际业务需求与他们眼中的主观审美考虑之间的冲突。

情况已经相当困难了，但另一个因素犹如雪上加霜，把问题进一步复杂化：干系人在讲述担心的业务问题时，通常不只说业务。出于多种原因，他们在表达自己的担心时像是在插足用户体验的地盘。人物角色行为或舒适水平的不匹配在他们口中变为：“用户会理解吗？”这个问题在经验丰富的用户体验设计师看来往往可以用非常容易的“会”或“不会”来回答，也可能会引导我们进行可用性测试，而非正确地处理。更糟糕的是，设计不能满足给定业务需求的情况。据我们的经验来看，很多干系人此时会界定他们的需求，提出自认为能够解决问题的设计方案，而不是把需求告诉设计师。缺乏对需求这一重要基石的理解，我们无法有效地判断其解决方案的质量，因此最终会为错误问题的解决方案进行辩护，反对真正解决我们所忽视问题的方案。摩擦的产生也就不足为奇了。

有了以上认识，设计师能赢得每场战争吗？当然可以。但如果你想学习如何做，就放下这本书，跟向投资人推销虚假大买卖的人学习吧，因为赢取每场设计战争意味着说服别人相信你的设计方案具有魔力，还要克服人与人之间交流上的混乱。但是赢得每个与设计有关的分歧从战略和伦理上来说都是错误的，因为这样做无法满足用户需求，也不可能有更好的产出。这其实是一种反模式。

12.2 隐性成本

辩护过激的真正危险在于：项目运行得越好，就会越快到达瓶颈期。如果人们发现很难与你达成共识，他们最终会选择避开你。辩护过激还会促使他们寻找你难以对付的原因。这会以最快的速度强化以下两种认识：设计的主观性很强；如果做作的“艺术人士”成为一个大问题，那么可以不用考虑设计。遇到这些情况，返工的任务仍会落到你头上，但到那时你的权力早已被剥夺，因为项目管理将交由“更理解业务实际”的人负责。

进行用户体验设计时，可以想象用户对产品有一“桶”好感，随着在使用网站的过程中遇到各种问题，好感逐渐减少。当“桶”见底时，他们就会在挫折中放弃使用你的产品，以另外的方式满足自己的需求。参与反馈会议的干系人也有同样的一“桶”好感，我们需像对待用户那样来呵护他们的好感。我们从心理学家 John Gottman 博士那里借鉴了这种实现积极体验和呵护好感（克服消极体验）的方法，请注意运用。他的研究表明，1 份消极互动配给 5 份积极互动可维持愉快的人际关系。[2]

作为普通人，我们在记忆最为关键的情境（或好或坏）方面有偏见。拿讨论会来说，如果干系人带着空桶离开，他们下次再来时桶里依旧不会多出什么东西。你当然可以通过跟干系人积极互动，把他们的桶装满。牢牢记住这条实用的经验：积极互动的次数需保持在消极互动的 5 倍，并且更具雅量的姿态对团队日常互动来说更易于记在心里。什么时候都可以这样做，不必一定用于重大分歧，因为你永远都不知道什么时候要用到团队桶里的好感。

12.3 业务剧

保护好感的一个重要方式是介绍观点时把自己的意图加进去。我们喜欢把这称作**业务剧**（business theater），因为它和哑剧或歌舞伎一样，有自己专门的夸张表演风格。因为观众熟悉这种交流模式，所以这样做很有效。你可能在不知不觉中就已沉浸到了剧情之中——它融入在形成公司文化的语言和结构之中。反馈的形式、更为正式的业务用语以及客户参观时怎样迎来送往……这些都是不同形式的业务剧。

出于讲解的需要，我们着重看看业务剧中依赖于**客套话**的这部分内容。客套话是一种社交粘合剂，为了避免让个人或群体陷于尴尬，同意相信更容易说出口的谎言、半真半假或歪曲的事实。例如，参加聚会的每个人也许都知道 Alan 和 Barbara 的婚姻遇到麻烦，但他们都假装相信 Barbara 是因为胃痛所以没来参加聚会。在业务剧中，客套话常用来帮助干系人在同事或第三方面前保住脸面，所采取的形式为重申干系人的反馈如何巧妙（但有瑕疵）地阐释了产品目标和用户行为，或温和地向在座所有人讲清楚干系人的误解是完全可以理解的，而你的回应“让大家形成统一的认识”。例如，当主管提出糟糕的建议，要更改电影《回到未来》的片名时，斯皮尔伯格利用这种策略给了主管一个台阶下——他让大家以为主管在讲笑话。这个简单的方式保住了主管的脸面，同时回绝了他的更名建议。主管也表示认同，在不感到尴尬的情况下放弃了自己的想法。[3]

客套话可能会跑偏，尤其当它套用的模式已广为人知时。业务剧中，一个臭名昭著的技法是“狗屎三明治”，就是将带有批判意味的反馈夹到两块称赞或积极反馈之中。由于这种用法很常见，这一赞美/批评结合体的对象习惯于忽视薄薄的两层积极反馈，而其本意是用来缓和批评的影响。比例为 2∶1 的积极和消极反馈配方，比起让我们感觉批评可以接受的 5∶1 差得远。在这种情况下，客套话中的三块反馈具有同等重要性；事实上，对方通常只会注意到夹在中间的消极反馈。

反过来看别人给出反馈后你需做出响应的情况。你使用的客套话要能起到奉承对方的作用，但不要过于明显、过于真诚。如果你事先跟对方建立起了密切的关系，这自然更容易做到。业务剧有助于你跟干系人建立起密切的关系。

积极倾听是业务剧的另一种形式。它不仅要求你倾听，还要向讲话人传递你被其吸引的非语言信号，展示你理解和希望听他们继续讲下去。点头、目光接触、赞叹和记笔记都是积极倾听的良好表现。

以上简短的介绍也许让业务剧这门艺术看上去像是虚伪地对待干系人，但我们主张不要这么理解。任何剧种都是一样，只有意愿诚恳，再结合从容谨慎的表演，才能成功。从本质上讲，业务剧旨在提升和投射你对项目和同事的好感。投射出的好感又会让大家对你和你的思想产生好感。

12.4 总结

为自己的工作感到自豪是人之常情，但批评是不可避免的。因此，对于批评的每一次响应都要放到更广阔的背景之中去思考：响应是推动项目朝更好的设计方向发展，还是让设计成为进步的敌人？设计师想守住会议上的一席之地，就要寻求赢得重要战争的良策，同时不让别人觉得自己难缠。对于设计师而言，培养这种技能是一个重要的提升方向。

12.5 “辩护过激”反模式

爱上我们的工作，喜欢充当处处为用户着想的道德权威，这是很自然的。但我们需要牢记自己的立场，知道何时该重新评估自己的观点。我们不仅要跟用户、也要跟干系人产生共鸣，需要知道认知偏见何时影响到了自己的判断。辩护过激会破坏别人对我们的信任，从长期来看，还会增加为用户交付良好用户体验的难度。

12.6 你已经在反模式之中了

- ❑ 项目工作方式发生转变，你被排除在外的情况越来越多。
- ❑ 干系人不愿当面向你反馈问题，而是使用邮件——经常直接发给你的上级而不是你。
- ❑ 大家参与评审会时像把反馈看作莫大的痛苦，他们讲话时好像希望参与或竭力避免一场争斗。
- ❑ 别人称你“好斗”“爱辩解”或“不灵活”。
- ❑ 你阐述原因时常依仗自己在设计方面的权威而不是讲道理。

12.7 模式

本章介绍的模式分为两类："选择你的战争"帮你理解哪些事情应该放下；"以积极的方式表达异议"展示如何拿捏响应方式来接受别人对设计作品的质疑，而不是忽略它们。成功应对这种反模式需具备以上两个技能——"以积极的方式表达异议"也许听上去像是解决所有设计质疑的灵丹妙药，但使用过度易于被识破。

如果不知道何时该选用哪种模式，可参考第 13 章，其中提供了一些判断各种模式应用场景的实用建议。

12.7.1 选择你的战争：不要过于投入

第 8 章解释过，不要生活在交付成果之中。主要原因之一在于，投入随着雕琢力度的增加而增加。投入增加之后，返工看起来就是浪费投入。实际上，设计的**每个**阶段都是在轻微修正对最终产品的猜测。返工是不可避免的，因此请接受它。合理规划设计作品的层级结构，以便复制、修改和整合。例如，如果你绘制的是草图，做完第一版就拍照保存。这样可以将其分割成块、自由变换位置，返工时也不需重复绘制多次。

如果你不太习惯把作品大卸八块，而是选择再次从头画起，那么就已经投入得太多了。

12.7.2 选择你的战争：让沉默"说话"

有些人喜欢在反馈会议上自言自语，应对这种情况非常考验技巧。对于他们提出的消极观点，你也许恨不得冲上去与之论战，但这时通常要做的是抑制住冲动，冷静思考。这不仅给你留出时间组织语言，往往还会有在座的其他人替你回答，至少让大家都明白有一处待解决的潜在问题。有时，自言自语的人甚至会说服自己，这样你可以给他们留下宝贵的好感，方便之后使用。

12.7.3 选择你的战争：优雅地让步

若是判断有些事不值得争论，可以直率地接受改动建议，这多少能赢得别人对你的好感。你可将其当成有益于增进理解的积极输入，精神饱满地捕捉它，并以此作为下一次讨论的出发点。这样做可向干系人表明你接受了他们的输入，他们对你的好感也会上升不少。一句简单的"谢谢你的话。真的很有帮助。我们可以 [插入如何整合反馈并在此基础上进行设计的方法]"就能把事情摆平。

12.7.4 选择你的战争：战术撤退

准备收集反馈时，自己要清楚作品的哪些方面必须满足用户体验需求，哪些满足更好、不满足也无大碍。这便于你理清头绪。在让步之前解释每一项功能，但只在关键之处开战。你虽然通常能在返工过程中增加更多有益内容，但无法修补已被剔除核心的想法。

12.7.5 以积极的方式表达异议：知道为什么

在误解对方观点的前提下与之争论带来的结果极其糟糕、反作用极其强烈，几乎没有其他事能与之相比。充分了解对方的批评意见，确保你为自己辩护时，了解对方担心的深层原因。如果仍然确定辩护是正确的选择，那么对对方立场（以及对方）表现出尊重和理解会让你处于有利的位置，给出强有力的论证。如果你需要让干系人畅谈理由，请尝试第6章的“回放”模式或第13章的“五个为什么”方法。

12.7.6 以积极的方式表达异议：接受和扩展

采纳反馈，将其当作积极的建议。不要表现出不同意或推翻它的想法，在此前提下扩展讨论范围，把新的备选方案添加进来。你可以补充，在交互或用户目标方面，功能应满足什么要求。这样做表明你认可有必要寻找新方案，但目的是照顾到用户体验目标，而不仅仅是满足难缠的干系人的需要。你可以在会上跟干系人阐明各自的想法，也可以明确对于反馈的这些问题，需在会后从哪些方面继续努力。如果是第二种情况，在下次反馈会议之前，你最好跟提出问题的干系人先行确认，让他们提前看到方案。如果这时他们还不同意，你们可私下深入沟通，这样不至于搅乱下次反馈会议的议程。

12.7.7 以积极的方式表达异议：让对方阐明

帮助对方阐明想法，引导他们将该想法融入方案未完成的部分。这些想法触及的范围越广，跟其他功能或用户体验目标冲突的机会就越多。为了实现收益最大化，确保不要以消极方式挑明冲突，而是将其作为提议带来的结果。“好吧，如果我们把那个元素移到上一层，显然需重新考虑页面结构。”这样说清楚地表明了改动波及的范围，并且没有制造分歧。如果大范围改动最终无法实现，你就有坚实的基础来尝试提出一个更好但要求高投入的建议。如果干系人阐明其想法时，你没能发现任何冲突，那就太棒了！他们刚做的事是在帮你设计更好的产品。

12.8 如果某人持续反对同一件事怎么办

这可能是反模式中让你备感痛苦的一个。你不得不一遍又一遍地为设计决策寻找合理的证据。这个过程消耗精力，让你感到泄气，而你对项目的好感深深地影响着项目的进展。

弄清楚他们为什么反对你。查明对方固执己见的原因。他们感到竞争迫近，怕领地被蚕食（入侵）或自身被边缘化，因此要保护业务领地？他们是否在努力通过摆在台面上的事情来传递深层的不安？还是说，他们就是恣意妄为的家伙，要他们接受不同的路线，就得高度认同他们给予的输入？

关心他们关心的事。寻找与其交谈的机会（将交谈场景转到咖啡馆或更加随意的场所，帮助会非常大），敞开心胸，向他们诉说你想寻找更好的工作方式。“我们还是聊聊吧，因为你好像不是真正喜欢我做的东西，因此我想听听你的想法，看看是否需要做些改进。”当他们打开话匣子，透露心事时，记得积极倾听。把你们之间的交谈当作用户研究会议，深入探讨他们的动机，直到理解他们真正担心的问题。一旦找到核心问题，就跟干系人一起寻找潜在的方案。例如，若他们担心自己的业务被边缘化，可提议双方一道跟产品负责人讨论如何调整策略。

如果干系人恣意妄为到极点，可把关注点放到他们对项目的破坏上。像下面这样表达自己对项目的关切：尽管你们是朝着最好的结果努力，但看起来劲使不到一处，为达成共识所花的时间已经明显影响到了项目进度。如果能做到的话，可让干系人负责某一特定领域（或让其只关注目前负责的领域），这样他们仍可感受到自己能把个人理念注入到项目中去。举办设计工作坊，跟干系人一起确定他们负责的领域，等到评审时，他们就会与你并肩作战而不是背后捅刀。

12.9 小技巧

若你所处的文化背景允许，出演业务剧时，可展现一点自己的个性。这有助于表现你对项目的好感，也可让对方看到你颇具人情味的一面。

若对某事存疑，会后可进一步研究。随后，再次召集会议，跟心存疑虑的干系人就反馈进行更为彻底的沟通。

小心注意你的方案和交付成果的沉没成本。当你感到自己投入过多时，尽快召集临时反馈会议；如果可能的话，先搁置工作，做点其他事情。

积极让大家接受你的工作。比起因错误地假定问题存在而最终招致大范围批评，更佳做法是事先向看起来不愿意给出反馈的人寻求确认，向其阐明问题之所在。

12.10 本章术语

- 积极倾听
- 业务剧
- 客套话

案例研究

Baguette UX公司用户体验咨询师 Sophie Freiermuth

图12-1 Sophie Freiermuth（版权所有：Sophie Freiermuth）

有很多次会议结束后，我士气低落地走出会议室，因为我没能让他们接受一次工作坊、测试、研究，或没能把交谈从功能引导到它的好处上，或是没能告诉他们与用户合作可如何让业务方面受益，即使需要耗费更多精力，即使所用方法之前从未尝试过。长期以来，我认为之所以会这样是因为我职位太低，然而当我晋升为“首席”之后，情况并没有多大改观。我有时会想这是因为我是女性（我遇到过一次赤裸裸的性别歧视。有次开会，他们把所有用户体验问题都提给男性项目经理，完全忽视我的存在），但这个想法难以证实。现在，我逐渐意识到也许原因在于我只是众多声音中的一个，并且发言没能引起参会者们足够的重视，无法与为大家熟悉和理解的其他声音相抗衡。

我参加过一个项目，其发现过程已由另一家公司完成，大家就把从中得来的创意奉为真理。几个星期下来，我的所有要求都被一名非常聪明的公司所有人否决了：真实数据不给；想接触一些用户，他也不同意；就连一些决策是怎么制定的以及制定依据是什么，他都不肯告诉我。他自信地认为，获得业务中的支持就够了。他算是把转移问题的能力发挥到了极致。发表意见时，我甚至每句话都这样开头：“我认为这样做是有价值的。”顺便说一下，这句话对他们有着意想不到的力量。然而，这有时也会被“我知道干系人怎么想”或“我之前是这么做的并且成功了”

这样的论证所推翻。

理解了他的未来不在用户手中，而是在干系人的手中，我开始转而使用我们承诺的过程，把关注点放到发布第一个版本时要做的大量用户测试上——距离实现完整产品还有很长一段时间。基本上讲，我选择沿着既定方向前进，使用假数据推动功能的实现，由受试判断功能成功还是失败。你可以看到，我这里运用的策略是放长线。测试给予我很多宝贵的机会：跟干系人交流；做用户访谈；测试特性、功能和设计。

结果是我拿到了宝贵的视频截图，发现用户在看某些页面时，看起来非常迷惑。我还收集到了用户的反馈，这正是几个月以来我们一直想知道的。最后还有一点也很重要，它增加了我在会议上的吸引力和大家对我的信任。我制作的测试报告着重列出了需解决的多个问题。虽然获得这些深刻见解对公司来说意味着投入大量时间和金钱，但我从中获得了足够多的信任，从而可引导团队采取正确的行动。

我不是最有耐心的人，但当听到有人说“我们不关心用户想什么，那就是我们想要的”或“好吧，虽然你的测试显示它不起作用，但我们认为调查更多的人就会发现它能起作用”时，我就知道他处于战争中的下风。之所以知道是因为我经历过、听说过太多这样的战争，比我想要的多得多。因此现在我改变了为用户辩护的方法，不再选在展示作品的会议上，也不选在偶然在走廊里碰到客户并聊天时，甚至不会在没有抄送难缠干系人的私密邮件中谈及此事。如果这样做，书中讲的这些技巧可就白费了。相反，我把整个项目看作我跟（基本上）每个人建立积极关系的好机会，以争取彼此信任。我不期望成为大赢家，而是准备好在每个阶段推销自己的方案。

我早年从事的销售和营销工作帮助我意识到，目标明确才能取得最佳销售业绩，而一切又可归结为一个几乎从没有人问起的问题上：“它对我有什么好处？”当我陈述一个想法时，会努力全方位地介绍它对每个参与者有什么好处。即使是对用户的好处，我也会从它对业务有什么好处来讲。糟糕的设计形式虽不至于让所有用户流失，但会让热情的用户流失；而为了获取这些用户，我们曾经在广告、营销，甚至开发这些最终失败的页面上投入了大量金钱。我关注的是能成就价值的东西，而不是潜在的障碍。如果某些要求需用支持和信任去交换，我会选择放弃。有些时候，我甚至发现，这虽说不上有益但也不一定有害：它只不过是为所有网站和应用这个大家庭又增加了一点缺乏用户价值的素材，而这样的素材已经够多了。

如上所述，我在整个项目过程中关注如何用现有手段为用户利益服务。保护用户是我的职责，跟他人保持融洽的工作关系也是我的职责。这是出于我的职业生涯和所从事领域的考虑，只有这样参会人员才会把用户体验设计师看作宝贵的财产，而不是喜欢闹事的人。采用缓慢却稳健的方法，最终收获令我自豪。我本认为会拒绝的干系人，竟然同意我的想法，把我说过的话当作自己的话（我并不介意，因为这对用户有好处），工作氛围也一天天变好了。我的生活变得更加美好，而且说实话，从长期来看还能更好地服务于用户，同时建立起大家对用户体验这个领域的信任。依我看来，这要花一番功夫才能做到。

Sophie Freiermuth（@wickedgeekie）是一名用户体验设计师，多年来为世界顶尖大公司代理设计工作，经验丰富。她意识到，除了用户体验交付成果和开展工作坊的技能之外，还有很多可以分享。她当前关注用户体验、精益创业、敏捷和产品设计交叉领域的辅导、教学以及个人和团队培训。她帮助团队培养强烈的用户意识、目的意识和理念，帮助他们把注意力放到以合作方式创造有价值的产品和计划上。

12.11 参考资料

[1] “Design is How it Works”. 来源：http://www.nytimes.com/2003/11/30/magazine/the-guts-of-a-new-machine.html [访问日期：2015.1.10].

[2] Gottman J. “The Magic Ratio is 5”. 来源：http://www.psychologytoday.com/articles/200403/marriage-math; http://www.gottmanblog.com/sound-relationship-house/2014/10/28/the-positive-perspective-dr-gottmans-magic-ratio [访问日期：2015.1.9].

[3] http://en.wikipedia.org/wiki/Back_to_the_Future [访问日期：2015.1.9].

小提示

(1) 我们想为自己的工作而自豪，但太过自豪会削弱我们对项目研发过程和结果的影响力。

(2) 记住有只“桶”装有他人对你的好感。不论何时，即使犯错也要犯能往“桶”里增加而不是减少好感的错误。

(3) 小心翼翼地选择你参加的战争。为自己的观点辩护时，要把别人的观点囊括进来。

(4) 使用业务剧传递你的好感和积极的意图，这样会让其他参与者对你产生好感。

(5) 如果有必要为自己或使用的设计元素辩护，请确保采用的方式不至于让对方从心理或情感上感到难以接受。

第 13 章　辩护过弱

前面的12章讲了为什么只有当用户去体验时我们的设计才变为名副其实的用户体验。我们提供了更好的人际交往模式和方式，可让交谈顺利进行下去。我们展示了如何驾驭测试和用户反馈，紧紧把控几轮反馈，使团队做出更佳产品决策。然而有时干系人和同事仍会挑战你，你若出于错误的推理放弃了设计中最重要的那些方面，还是无法向用户交付他们需要的体验。本章将介绍为什么要为你的决策辩护。

13.1 人人都是批评家

合作、协作和共同设计是识别和理解业务过程以及干系人意图的基本工具，但你——尤其是你——之所以待在办公室里是有特殊原因的。你为产品开发过程带来的专业知识和体验非常重要，不要忽视它们。你的存在是为了确保把业务过程跟用户目的调和在一起。这往往意味着保护用户利益，以免其遭到曲解或赤裸裸的反对。

高度合作的缺点之一在于，难以划清**我们**作为一个团队做的工作和**你/我**作为专家做的工作。等你开始雕琢用户体验之后，不让获得授权参与业务发现过程的人加入进来是不可能的。他们会继续按照之前熟悉的方式给予反馈。这些反馈当中自然有一些具有很高的价值，然而有一些则不适合去实现。

例如，James 曾跟一名产品负责人一起工作，后者宣称他绘制的线框图简洁性无与伦比。他的线框图在页面的一列中放了大约200个控件。在这名（非常热衷分析问题的）干系人的脑海里，衡量可用性的关键指标是达到目标的点击数，因此最简单的设计莫过于只点击一次就能到达任何内容。不必说，James 自然帮这名干系人了解到了更多用户体验规则和目标。

不以用户体验为主业的人对用户体验衡量指标、用户行为方式，甚至经常对用户体验的作用都有着奇怪的看法，把用户体验限定在用户界面设计（UID）领域。我们之所以在场，就是为了确保选用正确的衡量指标，充分理解用户行为。我们的工作就是全力以赴，打造正确的产品。

这也就是为什么说一定要在正确的时机、以正确的方式、为正确的决策辩护。我们希望本书前面各章节所讲的模式帮你以正确的**方式**进行辩护。本章讨论识别正确的**决策**和选择正确的**时机**。

解释用户体验

用户体验这个术语非常宽泛，几乎囊括与（数字）产品或服务的前端开发相关的一切内容，从格式化的评估性用户研究和综合，到策略和产品定义，再到信息架构、交互设计，甚至视觉设计。可以这样说：当考虑到所有这些方面对用户的效果时，用户体验工作能得到最大的回报。然而，这也意味着很多人只接触到用户体验设计过程的一部分，却误将其当作用户体验工作的全部。这意味着大多数情况下，他们接触到的是交互设计和信息架构。因此对很多人来说，**用户体验等同于线框图**。

不能让这种错误观念长久存在于你所在的组织之中。一种做法是禁止把“用户体验”这个词和你的作品联系起来。在 James 曾经工作过的一家公司里，参与产品创意设计的员工都被称作产品设计师（专攻用户体验）。在他的一处工作场所，部门故意使用**顾客体验**而不是**用户体验**来强调大家的角色超出了简单的用户界面设计，需将整个人群（“顾客”）都考虑进来，而不是限定到在线行为（“用户”）范围之内。

还有一种做法，就是用“用户体验”这个术语表示公司所做的**一切**。Martina 的设计咨询公司在工作场所采用这种路线，将用户体验设计团队更名为“交互设计”，以此承认所有设计师（视觉和交互）以及建言献策之人和开发团队都为交付用户体验贡献了一份力量。

不管你采用哪种路线，也不管你身处哪种环境，都要努力传递一种平衡的产品团队观念，将具有设计、产品管理和开发能力的一群核心实干家聚集到一起。这并不意味着分别代表一个领域的三种人，而是指少数跨领域的合作者，他们的知识范围要能覆盖所有领域。

像对待产品一样对待自己的工作：怎样才能让别人接受自己工作的价值，吸引他们更多地参与进来？下面这些点子我们用过，效果不错。

- 便当会议——利用午饭时间讨论用户体验设计师能交付什么以及我们想怎么

开展工作。

- 在部门内做展示，尤其是作为帮助新人快速上手或为新项目快速提升员工技能的一部分。
- 站到尽可能多的人面前展示我们做什么，向全员介绍用户体验。
- 咨询室——业务相关人员均可就用户体验难题向团队寻求建议。
- 定期将用户体验部门布置为“小酒馆”——把作品挂在墙上，邀请所有业务人员来看看我们在忙些什么，记得准备好饮料。
- 利用部门空地，创造被动参与的机会——创造一面用户体验墙，介绍我们是谁、在忙什么以及我们作为一个部门想把什么做到更好。
- 邀请同事参与研究、焦点小组和测试等用户体验活动——从用户嘴里说出来的价值更易于理解。
- 交流交付成果和结果。例如，向营销团队展示人物角色对他们的需求有何用处。
- 热衷于社交——准备好在咖啡机旁、电梯里向相关人员做关于用户体验的电梯演讲，问问自己的工作是什么。

13.2 什么是正确的决策

正确的决策指的是，用户体验价值明显且非常高，而其挑战背后的根本业务原因不明显或价值不高。

举个（显然是精心设计的）例子，让我们来看看这条包含社会认同指标的消息。

> “去年夏天，60 万人信任并购买了我们推出的旅行保险。”
> “万一有人是替别人购买的呢？”一个干系人反驳道。

在这个例子里，赢得社会认同的价值明显，并且非常高，但满足极端情况（系统没有以此为目标，并且只有一小部分用户属于这种情况）的业务价值既不明显也不高。

从技术层面上讲，做出这样的质疑是正确的：也许有用户不是为了**自己的**假期使用该项服务。但他们购买保险的目的确实是为了假期。

然而，还要考虑以下问题。

- 为他人购买保险的那部分用户是照字面理解上述表述，还是理解成自己也被包括在内？
- 如果他们觉得自己没有被包括在内，会给其转化率带来不良影响吗？（他们读到这条消息时，会感到被这家公司排除在外吗？）

- 如果转化率受到影响，那么该影响是否大到足以抵消为自己购买保险用户的提升效果？
- 究竟有多少用户受到这种极端情况的影响？
- 如果把这种情况涵盖进来，有什么风险？

我们把这种极端情况涵盖进来（我们不知道准确数字，因此加上了免责声明），并观察会引起什么反应。

“去年夏天，60 万人信任我们推出的旅行保险，为自己或别人购买了保险。”

如果营销语（产品 logo 旁边简短而响亮的品牌表述）要适用于所有可能的用户，那么将不可避免地带有很多从句和免责声明，有损于流畅度、易记性和力度。此外，这样的营销语很难写，最终可能被修改为下面这样缺乏社会认同力的表述：

“去年夏天，很多人信任并购买了我们推出的保险。”

我们当然可以为这条受到质疑的消息构造出无懈可击的可行原因。

- “数字是商业敏感信息。”
- “那些数字经不起推敲。”
- “我们的数字比竞争对手的小多了。”

在这些情况下，业务价值既明显又足够高，足以说服大家同意修改消息。倘若干系人的质疑有业务方面的根据，但表达不够好，那该怎么办？你怎样才能知道**辩护过激**和**辩护过弱**这两种模式发生了冲突？

第一步是采用本书前面介绍的一些模式弄清楚干系人的质疑。

- 后退一步，利用“沉默的力量”模式，让干系人把他们的想法说出来。
- 使用重述问题的“回放”模式，确保双方对质疑的理解一致。
- 采用“以积极的方式表达异议”模式，探索问题空间。一旦理解他们的质疑，就应该理解了业务价值并清楚它是否跟用户体验价值相冲突。

13.3 用“五个为什么”方法理解业务价值

“五个为什么”[1]最初是由丰田集团创始人丰田佐吉提出的，人们习惯将其用在工程领域以理解故障的起因。查看故障的表现，并通过在每一步询问“它为什么会发生”沿着原因链向上追溯，能帮助人们找到导致故障的根源或系统成因（见图 13-1）。大多数时候，在五层调查之内就能找到根本原因。

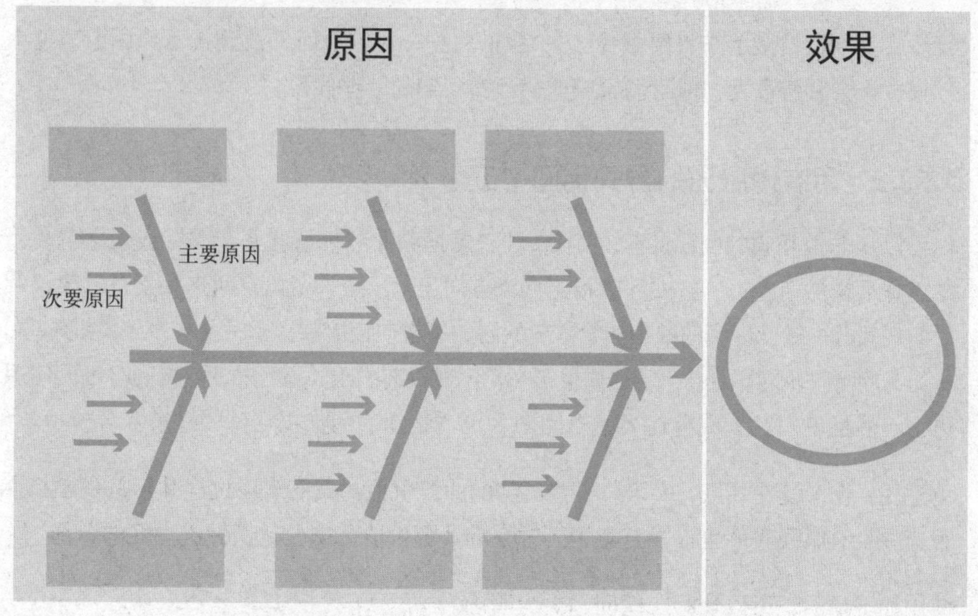

图 13-1 阐释如何使用“五个为什么”方法深入探索一个主题的鱼骨图（版权所有：Martina Hodges-Schell）

为了找到用户某一信仰或行为的根本原因，你也许已在用户访谈中使用过这种技巧。

我们还可以用“五个为什么”方法把方案或结果还原为业务价值，但使用时千万要小心。简单地问干系人五遍“为什么会这样”，会让他们认为你很聒噪；这还算好的，在最坏的情况下他们甚至会认为你粗鲁到家了。为了让“五个为什么”在这种背景下发挥作用，我们需要精心组织，使用有说服力的语言。

13.3.1 精心组织“五个为什么”

在介绍这项技巧时，说明它对整个团队的好处非常重要。因此，像“我想彻底分析一下，所以要问几个问题来揭示根本原因”或“为了真正抵达问题的核心，我想进行一次快速的验证活动”这样的措辞可帮助设置听众预期：该技巧是业务发现工具，而不是装模作样的深度探讨。

介绍该技巧的历史也可能有所帮助，例如提及它是作为丰田著名的六西格玛质量保证过程的一部分而发展起来的。一些开发团队（尤其是精益圈内）已经熟知“五个为什么”方法，因此在这些场合中，只提提名字就能起作用。

最后，高度概括接下来将要做什么。“我们将把一小部分时间放到揭示原因上。这个过程也许会有些重复，但我们希望这会证实我们的一些假设。”

13.3.2 用有说服力的方式询问“五个为什么”

你可以从非常开放的问题问起。例如，“它怎样跟业务价值联系起来”或“它背后隐藏着什么样的期望？”这类问题指定调查方向，为干系人留出空间来探索自己建议背后的任何假设或已证实的推理。第一轮问题的答案应该能够揭示一条或多条关键推理，从而为问下一轮问题提供线索。如果第一轮问题没有引出关键性推理，再问时可以使用更为一般性的问题，或重述第一轮问题，更清楚地表明你仍在试图理解业务价值。

请记住，作为设计领域的专家，一些类型的业务价值对我们来说也许并不总是那么直观，并且有时候我们也许没有意识到现存的业务价值，需要他们做出更好的解释。

使用如下措辞，可以让第二轮问题更为明确。

- “请告诉我关于 x 的更多内容。”
- “公司从中能得到什么？”
- “它是怎么服务于**业务目标**的？”
- “它有相关的研究资料或先前的经验吗？”
- “有任何能推出它的假设吗？”
- “它是怎样触及业务模型的？”
- “我看不出它的价值——你能详细说一下吗？”
- “请帮我弄明白为什么它对我们有好处。”

问第二轮问题时，可以把几个问题结合在一起，便于弄清楚根本原因。

13.3.3 结束“五个为什么”环节

重申业已确认的根本业务价值以及它跟干系人质疑之间的联系，以此结束“五个为什么”环节。这表明了你理解和接受这个问题，展示了你所施展技巧的价值，这样人们就不会感到自己的时间被浪费了。用大家都能理解的语言告诉他们下次要讨论的事项。

“好的，我们已确定的是这项功能不能满足关键业务需求，也就是……”

如果不明确根本业务价值，就向大家询问他们的质疑是否界定了一种新型业务价值，以及是否应该追求这种价值，以此结束“五个为什么”环节。

“这听起来像是当前需求尚未触及的一个新领域。可以不把它纳入考虑范围之内吗？还是想要重新考虑它？”

13.3.4 用户体验价值与业务价值

用户体验价值当然是一种业务价值。这里之所以将两者区分开来，是因为在很多干系人看来，它们存在明显的区别。对于这些干系人而言，业务价值指的是直接提升转化率的功能或其他可衡量效果的活动。用户体验价值不在这个定义指定的范围之内，而且可靠的忠诚度、好感和品牌感知度等顾客体验目标衡量起来难度更大。这导致干系人认为用户体验价值很“软”，因为它在很大程度上存在于潜能之中。

用户体验的长期价值是你应该尽力利用范围更广的用户体验行动向业务方传达的价值（本章之前“解释用户体验”所讲的）。不过这种感知上的转变需要时间和强化，也许无法总能在反馈会议环境里形成。然而，即使不能建立起联系，也应该可以从“获得最佳用户体验仍是值得努力的结果”的立场来辩护。该立场虽然根基薄弱，但正是它使得项目变为产品。

既然明白了用户体验价值和业务价值，那么问题就来了：是否要辩护，以及如何有效地辩护。可按照两种价值的高低做成方块图（见图 13-2），便于理解。

象限 A：高业务价值，低用户体验价值

让步。让业务价值取胜。接受质疑，根据它调整你的方案。

象限 B：高业务价值，高用户体验价值

灵活。两种结果都应该尊重，因此需要就兼顾用户体验价值和业务价值的方案达成共识。

象限 C：低业务价值，低用户体验价值

撤退。除非调整的成本会对项目进展造成颠覆性影响，否则就接受其价值很低的现实，不值得浪费时间为其争吵。你最好接受质疑，为自己赢得好感。

象限 D：低业务价值，高用户体验价值

辩护。低业务价值也许等同于对解决方案的调整回报率较低，外加失去用户体验优势的代价。这时候你应成为用户的守护者。特别一提，让用户惊喜的功能通常属于这个类别。

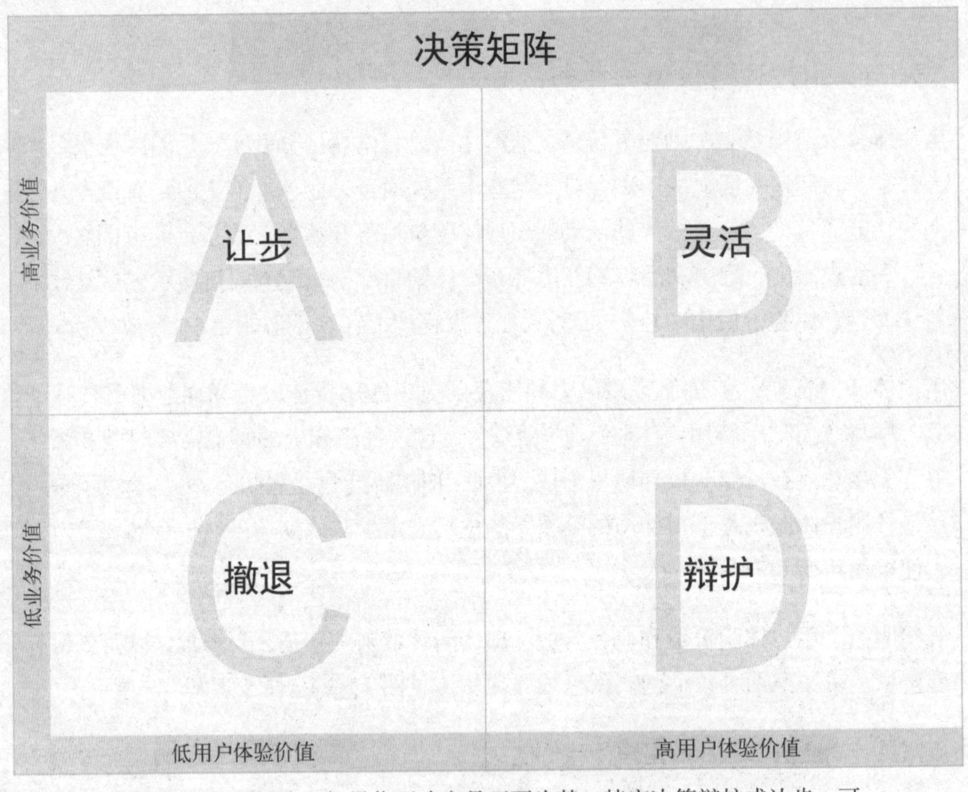

图 13-2 决策矩阵。如果你不确定是否要为某一特定决策辩护或让步，可参考该矩阵以理解用户体验价值和业务价值之间的平衡关系，从而做出更佳的决策（版权所有：Martina Hodges-Schell）

13.4 捷径：始终为用户研究辩护

如果用户体验过程有一个方面总是要坚决地去争取，那就是充分、有效地理解用户——他们的需求、目标和行为。很多公司将其看作用户体验过程中可有可无的一

部分，因为“我们懂我们的用户”或“我们知道什么有效”，而不愿为“证实”他们“已知道”的内容预先投入成本。

用户研究位于图 13-2 的右侧，它带来的用户体验价值几乎比其他一切做法都要高。它的业务价值也应该很高。如果公司没有意识到这一点，要找出原因。有没有用于获取见解的现有用户研究？你能参与这些研究吗？团队是否有大量关于市场的深层知识？（这里要小心：经验并不总是等同于深刻见解。）公司是否过于关注自己，无法认识到顾客的看法也许会有所不同？

问题的一部分在于，对当前实际可见成本和将来潜在成本的不同感知。即使干系人愿意让步，同意缺乏对用户的理解也许会导致产品失败、需要返工或调整，但在现阶段看来这只是一种（不那么可怕的）可能性，尽管调整的成本可能是用户研究的 100 倍。这从根本上讲是把用户研究作为一项风险管理提议。产品缺陷存在的时间越长，最终的修复成本越高。产品缺陷的影响范围越广，最终的修复成本越高。这两个因素相互作用、放大影响，因此影响到整个界面的用户研究的缺位如果在后期才暴露出来，要付出的代价非常大。按照这种方式，可以使目前成本较低的用户测试和避免更昂贵调整之间的关联变得清晰起来。

从另一方面讲，一旦成功争取到在项目中开展用户研究，沉没成本悖论将产生有益的作用。该悖论指的是机构偏爱已投入资金的工作，即使不一定相信它将带来正确的结果，也会把工作继续做下去。在我们的例子中，研究投入会成为公司寻求发展的试金石。邀请不从事用户体验工作的同事参与观察会议，也是让其关注我们工作价值的好机会。[2]

即使无法开展你最初提出的全面研究计划，也要争取采用能证明合理性的那些部分。仅获取少量用户就可以得到良好的可用性测试结果，同样，从精挑细选的少数受试中也能得到非常棒的见解。

13.5　总结

合作和好感对于创建好的产品极其重要，但如果无法保证在有价值的地方发挥自己专业知识的作用，那么工作就没有达到应有的效果。学会从战略层面看问题，理解我们的哪些不同看法最具价值，有助于维护同事之间的工作关系，同时保证我们能在需要的时候推进最重要的事情。

13.6 “辩护过弱”反模式

作为用户体验设计师，取得共识是我们使命中非常关键的一部分，但我们总是面临如何平衡业务需求和用户需求的挑战。躲避必要的艰难对话，就无法在等式中为用户需求这一侧增加筹码。我们必须寻找挑战错误假设或解决失衡问题的方法。若无法为用户需求辩护，并且因为屈从于干系人的压力，无法为创造更佳产品体验提供充分的理由，这种反模式就是“辩护过弱”。

13.7 你已经在反模式之中了

- 人人看起来都对进度满意，但是对质量不满意（尤其是你）。
- 你看起来总是在让步，即使这样做对任何人都没有好处。
- 同事或评审人说你的立场应该更坚定，或更多地把用户体验掌握在自己手中。

13.8 模式

注意：你在上一章学到的模式在这里也适用。当辩护是正确的回应时，还有另外几个模式可用，旨在帮助你表达设计作品的价值。

13.8.1 经“莫斯科”抵达

在你收集反馈意见之前，要清楚理解作品中的哪些元素对用户体验价值来说至关重要、重要、一般或不重要；也可以把这些元素归为以下几类：必须做（Must do）、应该做（Should do）、可以做（Could do）和做了更好（Would be nice to do）。这几类的缩略表示就是 MoSCoW（莫斯科）。请记住我们把用户体验价值从业务价值中分离了出来，因此令用户惊喜的元素也许用户体验价值更高。你需要清楚这一点，以便将其安排到图 13-2 所示的决策矩阵之中。

13.8.2 开头、中间和结尾

对于你设计的每一个元素，都准备好一个故事，讲述它是如何跟业务价值联系起来的。当你能够把用户体验价值跟高业务价值联系起来时，这种模式更有效。就像所有的故事一样，它需要有开头、中间和结尾。开头设定故事中的反派角色：要解决的问题或要满足的业务价值。中间是叙事部分：如何找到成功解决问题或满足需求的策略。故事的结尾就是最后一幕：包括主人公，即我的解决方案，以及它怎样采用策略来对付反派。

这样做很有用，因为它建立起了业务价值和解决方案之间的关系；揭示了策略背后坚实的逻辑推理；并且在解决方案引入“主观”方面之前，把两者紧密联系了起来。你可以用这种模式先发制人，或以此作为辩护时的开场白，确保人人都能理解特定功能的目的。

13.8.3 消除弹性用户形象

当干系人谈及他们对“用户”的关切时，往往分为以下两种情况：反移情，假定用户的想法与自己一致；想象过于谨慎，小觑用户的能力。这就会导致用户形象的弹性非常大，既可以是高级用户，也可以是新用户，完全取决于干系人怎么想。在这个框架下很难为针对高级用户设计的功能辩护，因为新手无法理解。要在反馈会议上准备好人物角色，让大家也能看到，以便陈述理由时跟正确的人物角色对应起来。更理想的做法是，利用人物角色介绍面向较小目标群体的功能。时刻留意超出人物角色范围的情况。如果质疑针对的是这部分内容，那么也许是极端情况，完全不用考虑。

13.8.4 打败客户/干系人

有时，你试遍所有交流方法来证明一个前进方向是最好的，但干系人仍然心存疑虑，这时就得综合各方面因素想出一个好方法来打败他们。向他们解释你关心的问题以及期望的结果。建议他们重新考虑自己的方法，并通过用户研究测试他们的想法，从而在投入更多的时间和资源之前，快速验证其假设。建议采用精益方法开展实验，以较低的改动成本测试他们的假设。不过要允许他们选择自己喜欢的前进道路，不必遵循你的最佳判断。你可利用这一学习经历的结果，帮他们以迭代方式改进解决方案。

13.9 如何挽回不该放弃的观点

如果你错误地放弃了一些重要观点，能采取的最佳行动往往是接受损失，并为下一次行动吸取教训。对于以往失利的讨论，尤其是过去很久的讨论，让对方重新考虑并不明智。然而，你可以灵活选用不同的语气。如果事情发生不久，可用最简单、轻微的语气：“我又想想了［这个决策］，感觉上次达成的结论不太合适。重新回顾一下那次讨论怎么样？”在因你的想法缺位而使项目步履维艰时，则可以重新介绍那个想法（但不要说“我告诉过你们”）。

然而，如果你为自己的失败而愤愤不平，就永远无法扭转败局。因此，当让步或失败时，要优雅处之，保持幽默。探索一下获胜的解决方案，那么如果它不奏效，就能以可视化方式展示问题所在。如果想让别人接受你的解决方案，可私下讨论和展示，将其作为意外情况下可以使用的备用方案。

13.10 小技巧

感到不自信时，可与其他用户体验专业人士进行社交往来。分享工作中的纷争、成功和建议，从而帮助自己（重新）建立起自信，提醒自己可以在项目的哪一部分工作中发挥作用。

从公司内部找到同盟，让他们做你设计决策的参谋。可以通过预筛选了解到什么也许会引发争论并事先为各种质疑做好准备。

如果你不得不消耗别人对你的好感来为正当的事情辩护，可以在事后跟对方打个照面，重新为“桶”注满好感。

13.11 本章术语

- 丰田佐吉
- “五个为什么”
- 丰田
- 反移情

案例研究

图 13-3 Richard Wand

你无法赢得每一次设计辩论。尽管距离上次因没能成功为一个重大设计决策辩护而感到遗憾已经过去了一段时间，但我仍对此耿耿于怀。那次，客户用不切实际的用户场景来支持其被误导的设计反馈。他们没有在真实场景下考虑解决方案，因此设计主张自然有缺陷。

这不是第一次也不是最后一次让我不同意的客户决策得以通过。这不是因为我没脾气；我并不是一个易于屈服的人。只是有时不得不对他人的想法让步，因为若不妥协将妨碍项目进度。

当时，客户的产品配置程序导致了顾客的流失。客户要求我找出顾客为何抛弃产品，并给出改进设计的建议，以提升转化率。这看起来不算复杂，因此我同意采用精益方法，跳过详细的研究活动，而不是查看他们的转化漏斗分析结果，或对配置程序进行启发式评估。

我的主要发现是决策架构存在缺陷。关键信息不是缺失就是呈现方式让用户难以处理。我考虑了顾客的信息需求，建议简化决策过程。不过客户不同意。

平心而论，客户接触体验设计的时间相对短暂，希望保护界面的最小化设计风格——即使以牺牲顾客的需求为代价。他争辩到，顾客在使用配置程序之前已对产品有了充分的了解，因而不需要额外的信息。

由于没有更加详细的发现过程，我无法证实或推翻他的假说。从事用户体验工作 16 年的经验意味着我有必要的专业知识，但还是缺乏一组大家都认同的顾客场景，这让我感到无能为力。

真正的挫折在于，所有这一切都源自我天真的判断。我假定自己和干系人对于以下三点的理解一致：努力实现的目标，为谁设计系统和用户在什么背景下跟系统交互。毕竟，对于一个看似直观的流程，可将这三点作为提升转化率的概要（brief）。然而，我最终意识到，每个人都只是从自己的角度看待这个概要。毫无疑问，因为大家的理解不同，预期和愿景自然也不同。

这件事给我的教训很简单。不管任务看似多么简单，永远不要在没有达成一致的用户体验概要的前提下开始设计：用一份文档定义顾客应该喜欢产品或网站中的哪些体验。该文档确保你关注真实用户和真实场景，为各种设计决策提供必要的信息以及引导、支持作用。这就消除了弹性用户形象和假想的场景。我猛然意识到，体验概要不是“最好要有”的文档，而是“必须要有”的文档。

跟交付体验概要同等重要、甚至更为重要的是，为其收集信息的整个过程。对我而言，没有比召集干系人参与工作坊更好的方法了。可以邀请他们贡献知识和深刻见解，共同解决各种问题。

这种共同工作会议与支持性研究以及从各种发现活动中收集到的深刻认识一道，

为体验概要提供了信息。共同工作会议确保内部团队和干系人对于当前努力解决的问题及其边界理解一致。它还会让干系人感觉到，自己从一开始就参与了方案制定，因而对于提出的设计方案拥有所有权。

虽然这只是设计过程的开始，但是共同工作会议和体验概要还能帮助我们确保设计过程沿着正确的方向开展。当然，它无法保证你不会在前进过程中遇到突发事件，但从开始就保证正确方向，会减少缺乏见解支撑的质疑，让你更容易为设计决策进行辩护。

因而，在接下来的设计过程中，我用各种故事教育干系人，告知他们各种信息，好让他们理解做出的设计决策，并把这一切跟体验概要联系起来。

设计摩擦的最主要来源是没有讲明对设计的质疑。尽管讲清楚质疑设计的缘由不是实现无痛设计的万金油，但是写就定义明确的体验概要，从质疑中总结出对应体验概要的各种故事，能让对设计决策进行的辩护变得游刃有余。

> Rich Wand 是 Hugo & Cat 公司的顾客体验总监。该公司位于伦敦，是一家为客户提升顾客参与度的机构，专门用数字化方法实现业务转型。过去 20 年里，Rich 以帮助客户的品牌全心全意为顾客服务为使命；“毕竟，品牌比他们更需要顾客”。他曾在 EMC Digital、Proximity 和 POSSIBLE 等机构工作过，帮助客户实现了真正的业务转型，为其顾客创造了绝佳的体验。如果你问 Rich 他的工作是什么，他就会告诉你：“很简单，我创造有意义、吸引人的顾客体验，用一点魔法为用户带来愉悦之感。”

13.12 参考资料

[1] 大野耐一，《丰田生产方式》，北京：中国铁道出版社，2014。

[2] Sunk Cost Fallacy. 来源： http://dictionary.cambridge.org/dictionary/business-english/sunk-cost-fallacy [访问日期：2015.1.9]; http://en.m.wikipedia.org/wiki/Sunk_costs#Loss_aversion_and_the_sunk_cost_fallacy [访问日期：2015.1.11].

小提示

(1) 达成共识很重要，但是如果你没有把高质量的用户体验加入到产品之中，就没有为雇主提供价值。

(2) 理解同事的职业价值结构是弄清楚何时辩护、何时撤退的关键。

(3) “五个为什么”是一种很可靠的工具，能找出同事所做决策或断言背后的潜在价值。
(4) 牢牢记住装有好感的那只“桶”，找机会装满它，来帮助你应对更艰难的挑战。
(5) 准备好帮你证明自己想法合理性、消除弹性预期的工具。
(6) 只要有可能，就讲一个好故事。

LENGTHEN OR SHORTEN HERE
RALLONGER OU RACCOURCIR ICI
ALARGAR O ACORTAR AQUI
STRAIGHT GRAIN
DROIT FIL
SENTIDO HILO
CENTER FRONT ZIPPER
MILIEU DEVANT, FERM. À GLISS.
MEDIO DELANTERO, CREMALLERA
1 A
FRONT
DEVANT
DELANTERO
2x
SEAM ALLOWANCE INCLUDED
AVEC VALEUR DE COUTURE
CON MARGEN DE COSTURA
5/8"
(1,5cm)
7443
9.
24 (50)
22 (48)
20 (46)
18 (44)
16 (42)
14 (40)
12 (38)
10 (36)

第 14 章　识别并改正反模式

前 13 章介绍了我们在创建数字产品的过程中最常遇到的一些反模式。每种反模式都可能体现在多种不同的行为之中，希望你读到这里已经掌握了把这些行为与相应反模式对应起来的技能。不过反模式就像迅速生长的野草，绝非一本书所能涵盖。你该施展新的技能，去发现自己身上存在的反模式了。

14.1 警示信号

既然每一种反模式都必须借由一种或多种行为表现出来，那么首先要考察的就是交流过程中出问题的时刻。有可能是突然爆发争吵；有可能是你发现自己被排除在决策之外；甚至有可能是小心躲避的问题反过头来咬了你一口。并不是说类似事件都是你的错或是反模式在起作用，但你需具备客观评估这些时刻的能力，以决定能够并应该在哪些时刻做出努力。

最容易开始之处是交流过程最纷乱之时，可能是最吵、最难忘或最难堪的时刻。这样的时刻持续得越长，警示作用就越明显。作者至今仍记得在上个世纪被卷入激烈的争论之中，挥动双手以示对反馈意见的厌恶。首先要排查的就是过去的类似时刻，思考当时导致你深陷困境的推理或行为是否还会在今后遇到。

当然，另一个寻找警示信号之处就是别人对你的看法。很多机构实行全方位评审，以帮助人们发现同事的看法。可以在会后向富有同情心的同事打探他们对你的反馈："你觉得进展顺利吗？是不是觉得我对 × 有点严厉？"

虽然难度更大一些，但是经过练习，你甚至可以学着感受自己进入一种行为模式。例如，想想自己在做展示时是怎样调整声音和节奏的。这就是我们有意激活的一种行为模式。这是一种把注意力集中投入到当前时刻的感觉，几乎需要像坐禅那样把注意力放到重要的事情上（讨论的策略、词语背后的丰富见解）并让琐碎之事（词语本身）

自然流动。这种行为模式的终极境界是 Mihaly Csikszentmihalyi 所讲的**心流**（flow）的一部分。[1]反模式倾向于跟情绪紧密联系在一起，因此当它们出现时，自己很难觉察到；但是感到争论把你甩在一边或拒绝你继续参与，通常是反模式起作用的信号。

关于心流

心流指的是，当我们把所有心思放到有能力应付的复杂活动上时进入的一种状态。引发心流状态的活动有演奏乐器、参加体育比赛或编写复杂的代码等。当我们进入心流状态时，外部世界会变得模糊，我们对时间的感知也会消失。我们变得不那么关注个人决策、行动或动作，而是感觉自己在直接实现结果——跟我们的工具之间产生了一种心理感应。

心流能让你拥有很高的效率，但也会导致你难以融入团队。可以通过学习识别心流本身和帮助你进入心流的周边环境，来平衡两者之间的关系。一旦能有效地复制这些周边环境，你就可以更快、更可靠地进入心流状态。

14.2 冷静下来

发现自己表现出某种反模式时，你可能想尽快尝试去识别和解决它。然而，这可能会起到事与愿违的效果。反模式之所以发生，是因为我们向自己讲了一个关于当前环境和如何达到预期结果的故事，直接后果就是故事情节会留在我们的脑海之中。此时我们觉得这样做是合理的；我们需要时间，需要调整看问题的角度，从而更加冷静地评估形势。

只是离开会议、冲一杯自己喜欢的热饮也许时间还不够长。你需要充分内化对方的建议，只有这样才能与其产生共鸣。如果你意识到自己心想“[这个人]是个大傻瓜，他的建议十分可笑”，可能还没有准备妥当。你的同事十有八九不是傻瓜。为了拉开自己和最初情绪反应之间的距离，可以暂停手头上的工作，好好休息一会儿，等头脑清醒之后再来思考如何解决，同时不要忘记团队提出的另一种建议。这有助于你识别自己是否陷入了宜家效应——对工作投入了过多感情。

14.3 寻求外部视角

想寻求外部视角，召开一次反馈会议很有帮助。找能以局外人身份观察该情形的同事。不要找自动支持你的同事，将反馈会议变成一场自怨自艾的聚会。要找能客观、透彻地评估情形的同事。就像回顾一样，从头到尾讨论一遍。重申**回顾的基本准则**（第 3 章）也许可以帮助你不偏不倚地组织对话。尝试评估你和对方的动机；你和同事对对方先前的互动了解多少；任何建议或抱怨背后真实的意图是什么；对方任何令你意想不到的反应或主张。

跟同事一起识别过去出现这种反模式的情形，以及他们观察到的起因或解决方法。这会在两方面起作用：你的行为，以及同事的行为。重要的是理解这种行为模式的背景，以及你究竟是引发者还是响应者。

14.4 找出共同因素

你当前正在寻找的是将识别出的各种情况联系起来的主题。参与者是谁？你响应的挑战是什么？各种反面论证之中是否有似曾相识之处？这些都有助于你理解自己反模式的更广阔背景。一旦理解了它是什么和它的源头，就是时候着手改正了。

14.5 原谅自己

如果你参与的互动引发了冲突或被证明大错特错，你很可能会为此感到非常糟糕。为了以更加积极的方式思考问题，你要做的第一件事就是让自己脱身。我们都有反模式，但这不是**我们的错**。自责对于解决反模式无济于事。相反，要理解你处于个人成长和学习的道路上，途中完全可以在犯错中学习。

14.6 识别一些模式

跟帮助你评估反馈过程的同事一道，对产生冲突的各种路径进行头脑风暴。努力想明白重点是否是一定要取胜，或者优雅地让步是否更为明智。

本书介绍的大量模式不仅可以解决同一章的反模式，适当调整后还可用来解决其他反模式。尝试找几个备用模式，根据场景进行角色扮演。应用范围非常广的模式包括“后退一步”“换种方式重述”……以及“暂停会议”。

如果一种反模式拥有更深的生理基础，可探讨能否通过会议前准备来帮助解决。一个简单的方法是背景重置。James 自创了一个技巧：弹一下 Moleskine 笔记本封面外的橡皮筋就意味着更换了背景。这对于重置背景很有帮助。举个例子，如果你饿了就不愿多讲话，这就意味着养成一个在临近中午的会议前吃把花生米或吃个香蕉的习惯。如果消化和疲劳会影响你的互动，容易让你的节奏慢下来，那么当下午 2 点有会议时，午饭就不要吃得过饱。

14.7 养成习惯

一旦确定了想要使用的模式，就需想办法将其转变为自己自然的响应。我们为各种模式命名的原因之一在于，你在焦头烂额之际可以借助它唤起一种能解决当前难题的模式，就像咒语一样。为你的模式起一个易于记忆的名字，在需要时很容易回忆起来。可以跟乐意帮忙的同事使用角色扮演的方法，使自己习惯在遇到困难时唤起对模式的记忆。

知道自己拥有一个装满各种可用模式的“百宝箱”本身就非常有帮助。参与互动时，这些知识将帮你从更具战略性的角度看待交谈，为把交谈引向硕果累累的方向提供契机，否则你也许根本看不到这些方向。

14.8 继续前进

在模式变为你的第二天性之前，需要多加钻研。你也许还需进行调整，才能发挥其最佳效果。不要让最初的失败消磨了你的士气。就像用测试来优化一项用户体验提议那样，要测试模式，从结果中学习，并优化实现方式。

14.9 参考资料

[1] Csikszentmihalyi M,《当下的幸福：我们并非不快乐》，北京：中信出版社，2011。

第 15 章　工作放松技巧

工作可能是充满压力的。很多人在这种环境下快速成长，交付了出色的工作成果。然而，在跟他人共同工作时，保持冷静、专注，以及接纳新想法的开放心态是有好处的。

立即响应感知到的威胁，是人类的天性。如果在工作中遇到充满压力的情况，比如跟同事产生争执，我们的身体往往将其视作对自己安全的威胁，从而产生“战或逃”反应，使得我们难以保持冷静、打开思路。我们的交感神经系统管理着战或逃反应，确保在面临危险时，能量被输送到对逃跑或防范潜在攻击起重要作用的身体部位。

例如，即将遭受老虎攻击时，我们就会心跳加速，把血液从免疫系统和前额皮质输送到四肢。由于前额皮质是进行分析性思维的地方，我们的听觉和周边视觉将会减弱。身体将全力以赴使我们能够在面临直接威胁的情况下存活下来。

在进化的过程中，这种响应是宝贵的财富。若没有这种响应，你不可能有机会读到这些文字。面对老虎和潜在的死亡威胁，可以不用免疫系统保护你抵御感冒，也可以不用前额皮质让你从老虎的角度分析情况。然而，日常生活之中，交感神经系统常常在它不受欢迎或没有实际用处的时刻起作用。

每天，我们的思维和身体也许都会错误地将一些情形标记为威胁，比如我们的工作遭到批评，或者我们被挡在讨论之外。尽管这些情形有时看上去关乎生死，但它们通常需要与交感神经系统截然不同的能量优先级排序和输送。你不需要把能量输送到四肢，而是需要降低心率，保持冷静、清醒的头脑。况且，你当然想清楚地知道周围的声音和眼光。要做到这些，就需激活副交感神经系统，也就是负责刺激更加冷静的“休息和消化”行为的那部分神经系统。幸运的是有方法可循，而且假以时日，你就会发现自己能很自然地做到。感知到威胁的存在时，你的身体可以影响思维；同理，你可以学习用身体快速调整思维，使其适应实际环境，高效开展工作。

15.1 特殊时刻

战或逃的响应方式把能量从特定功能上引走了，而这些功能是会议或工作坊取得成功不可或缺的。你需要倾听同事说什么、观察他们做什么，还需要具备分析现场众多干系人不同需求的能力。如果交感神经系统起作用，这几乎是不可能完成的。遇到这种情况该怎么办呢？以下是一些应对技巧。

呼　　吸

尽管听起来很简单，但关注呼吸确实会帮助你在特殊时刻保持冷静，最大化在刺激和响应之间暂停的能力（其中的刺激可能是同事刚刚说过的话）。放慢呼吸，延长呼气的时间，有助于激活副交感神经系统，使你放松下来，更理智地处理当前局势（见图 15-1）。

图 15-1　停下来喘口气（公有领域图片）

最适合于

冷静头脑，重新集中精力。

时间

任何时间都可以！只是以这种方式呼吸几次，就可以让副交感神经系统起作用。

若是能离开一会儿，休息 5~10 分钟来更好地呼吸，效果更佳。

练习

将注意力放到自己的呼吸上。留意是深呼吸还是浅呼吸。注意吸气和呼气的长短：是相等，还是一长一短？感受空气从鼻孔进进出出。将注意力转移到身体上有助于使自己冷静下来。

开始增加呼气的长度，吸入 4 份、呼出 6 份。如果你感到这样做很舒服，可以把比例提高到 1 : 2，即吸入 4 份、呼出 8 份。每个人的情况不同，因此在练习的时候，以让自己感觉舒服为宜，找到适合自己的比例。

关注当下

Jon Kabat-Zinn 将正念（mindfulness）定义为“有意地把注意力集中于当下，不作判断。”[1]通过学习以这种方式持续交流，你能更好地接受他人的新想法，有效地跟他们一起工作（见图 15-2）。

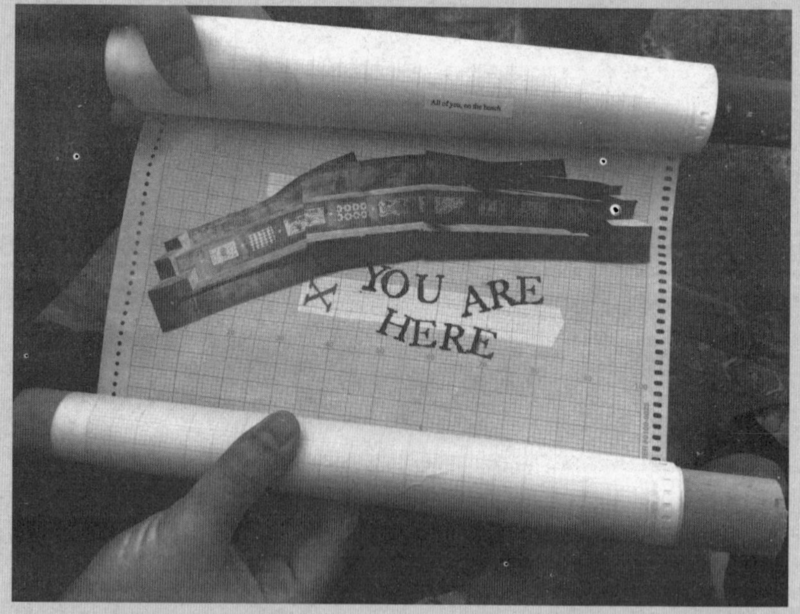

图 15-2 关注当下（版权所有：Martina Hodges-Schell）

最适合于

该练习让你重新“夺回身体”，帮助你停止思考将来可能的谈话。

时间

取决于会议的长度。

练习

正念对话（mindful conversation）是一项来自法律界的技巧，但大多数情况下都非常有用。它包括三步：**正念倾听、循环和沉浸**。

正念倾听就像听上去那样简单。别人讲的时候，你专心致志地听就好。如果发现自己的思绪已经跑到接下来想说的内容或者别处去了，就将注意力收回来并重新放在讲话人身上。尽量克制住问问题或引导讲话人的冲动，包括通过言语和表情交流这两种方式。将时间全部留给讲话人，让他们充分、真诚地表达自己。

循环是“关闭交谈循环”的简称。这一步确保听者充分理解讲话人传递的信息。你只需将讲话人所说的话以自己的理解重述出来，让他们纠正任何误解。就这么简单。

沉浸是正念对话的第三步，也是最后一步，帮助你避免因内部思想和情感而分神。这意味着内省，以了解自己是否对正在讲的内容产生了感觉或反应。自己提前这么做，可防止你在他人讲话时神游万里。

假装自信直到成真

尽管这不一定是放松技巧，但是你的非言语交流其实会影响别人对你的感知，更重要的是会影响你对自己的感知。你的神情、姿势和手势直接影响到你在团体中的交流和参与方式（见图 15-3）。

据哈佛大学的社会心理学家 Amy Cuddy 研究发现，更自信的姿势能在团体环境中直接带来更高的参与程度。保持自信姿势的人，睾酮水平较高，而压力荷尔蒙皮质醇水平较低。这种组合使你感觉更加自信，从而能以更为可信的姿态参与其中。换句话说，通过改变身体姿势，你可以调整思维，进而调整自己的行为。

自信的姿势需要一定的空间。两脚呈直角放在地面上，肩往后挺，双臂张开。该姿势表现出了直率和坚定。相反，没那么自信的姿势将会占据尽可能小的空间，往往表现出自闭和防御性。抱着胳膊、两腿交叉、身体蜷缩的姿势会引发身体减少睾酮分泌，增加压力荷尔蒙皮质醇的分泌——这恰好是你不希望发生的！

图15-3 假装自信直到成真（公有领域图片）

最适合于

调整身体姿势，影响对自我的感知。

时间

2分钟。

练习

在大型会议之前，为自己找一个空间——通常来说，洗手间就可以。摆出自信的姿势：肩往后挺，肩膀与胯部保持在一条直线上，两脚站稳。双手举过头顶，做出胜利的姿势。想象一名刚刚冲过终点获得冠军的运动员——这跟你接下来要取得胜利的情形很像。

会议之中，记得保持自信的姿势（也许不需要举起“胜利”的双臂）。若发现自己蜷缩身子，就将肩往后挺并下沉。经过一段时间的练习，你会发现无须多想就会自然而然地保持更为自信的姿势，帮你提升交流的效率。

15.2 生活方式

虽然当下的小小调整就会带来大的收益，但生活方式的调整甚至会让收益更显著、更长久。

吃出健康

饮食方式可能会影响你所做的其他一切。它可能会让你感到充满活力、思维敏捷，也可能让你感到身体疲倦、头脑昏沉。饮食搭配有上百万种之多，但每个人的需求各不相同。没有哪一种饮食搭配适合所有人，但还是有一定的基本规则。按这些规则合理搭配饮食，有助于提高大脑和身体的工作效率（见图 15-4）。

图 15-4 合理膳食提升健康（版权所有：Martina Hodges-Schell）

最适合于

每个人，随时。

多摄取

三文鱼和沙丁鱼这类多脂鱼富含 Omega 3 脂肪酸，可增强大脑活力，提升整体健康状况。

全麦的血糖指数（GI）较低，可缓慢释放能量，缓和消耗糖分所产生的骤升骤降效应。

水果和蔬菜，尤其是蓝莓，可保护大脑免受氧化应激的损害，还可防止跟年龄相关的阿尔茨海默症和痴呆。西兰花和甘蓝富含维生素和营养素，可让你保持健康，集中注意力。

坚果等种子类食物富含维生素 E，有助于防止认知能力下降。

水，水，多喝水！

禁忌

糖、咖啡因和加工食品。吃这种食物的动机很容易理解：James 在伦敦一家公司上班时工作很忙，为了捱过下午，他习惯吃一袋小熊软糖，喝杯黑咖啡。但是，吃这种类型的食物会给身体带来巨大的冲击——先是糖分和/或咖啡因飙升，然后骤然下降……这会让你的身体渴求更多的糖分和/或咖啡因。这种高峰和低谷的交替对身体不好，还会影响工作效率！

冥想

研究表明，每天只要花短短 12 分钟就可以在大脑中重新调整神经通路，帮助集中注意力，关注正在做的事。将这项练习加入日程之中，你会发现不用想就能做到“关注当下”和“呼吸”这类技巧（见图 15-5）。

图 15-5 找个安静的角落冥想（版权所有：Martina Hodges-Schell）

最适合于

增强集中注意力和关注当下的能力。

时间

12~60 分钟。

练习

找到一种舒适的坐姿。可以盘腿坐在垫子上，也可以坐在椅子上、双脚平放在地面上，脊背挺直。姿势应该舒服，但要保持灵敏度。

闭上双眼，关注身体。

将注意力放到你的呼吸上。不要尝试调整它，只是跟随吸气和呼气的节奏。这样一段时间之后，你也许发现思绪已经跑远。这时，再把它收回到你的呼吸上。该练习不是要消除大脑中的所有想法，而是要增强集中注意力的能力。每次将注意力收回到呼吸上，就是在加强这种能力。

更重要的是，你要把这种练习当成日程的一部分，定期练习，而不是每次花过长的时间。每天冥想 12 分钟比每周花 1 个小时冥想一次的效果要好得多。

瑜　伽

瑜伽的意思是制服或结合。在最早的练习者看来，瑜伽的目的是让思维平静下来。瑜伽就像冥想那样，可帮助练习者在日常生活中保持沉静、专注。瑜伽的作用特别强大，因为它能调整思维和身体。通过由呼吸引导运动，瑜伽实现了一种运动的冥想，使你在平静下来的同时，收到锻炼身体之功效（见图 15-6）。

图 15-6　瑜伽（版权所有：Ellen Arnold）

最适合于

瑜伽有很多不同的类型。复元瑜伽对于充满压力的一天是一剂放松的良药。串联瑜伽节奏更快、更具活力，让人精力充沛。可探索不同类型和风格的瑜伽，找到适合自己练习的那种。

时间

一般而言，练完一套瑜伽要用 60~90 分钟。

练习

学习瑜伽的正确姿势很重要，可防止受伤。如果对瑜伽接触不多，我们强烈建议你在附近找个老师。

可以尝试用以下几个姿势让神经系统平静下来。

(1) 树式

如果内心平静，你的平衡感更佳。相反，练习平衡姿势可增加平静的感觉，减少焦虑。

两脚分开与胯同宽。两脚踝和肩膀对齐。向后放低肩膀。胳膊紧贴身体，手掌向前。

缓缓将身体的重心移到左脚，抬起右脚，将脚掌置于左腿大腿或小腿处。不要将脚掌放到膝盖处，因为这样可能会受伤。

吸气，将双手举过头顶，成 V 字形。如果做该动作时，你的肩膀也抬了起来，那么在伸展胳膊时，把肩膀收回来。为了真正测试你的平衡能力，请闭上眼睛。呼吸。

呼吸 10 次后，呼气，将手脚放下。换另一侧重复练习。

(2) 坐立前屈式

前屈式可帮助激活副交感神经系统。

坐在地上，伸直双腿。确保两块坐骨（臀部包裹的骨盆部位）紧贴地板。

吸气，两臂举过头顶，呼气，上半身向双腿贴近。手尽力往前伸——碰不到脚也没关系，你仍能感受到这种姿势带来的好处。确保后背的下部自然弯曲，而后背的上部挺直。这样做，尽管你的后背和双腿可能几乎是垂直的，但也没关系！你仍将从这个姿势中受益。

(3) 婴儿放松式

这是一种让人平静下来、根植大地的姿势，常用作一套瑜伽中的休息式。

跪在地板上，双脚大拇趾相互接触，双膝与瑜伽垫同宽。坐在脚后跟上，同时胳膊向前伸，额头触地。你可向前伸胳膊，也可以沿着身体向后伸去碰脚。两种姿势都尝试一下，看看哪种更适合自己。

15.3 关于作者

我们的朋友和前同事 Ellen Arnold 倾情贡献了本章内容。她专攻办公场所的放松方法，并希望我们所有人在办公室里都更快乐、更健康。她毕业于美国加州大学伯克利分校，目前在加州旧金山市担任综合瑜伽导师。

15.4 补充资料

(1) Forbes B. *Yoga for Emotional Balance: Simple Practices to Help Relieve Anxiety and Depression*. Boston: Shambhala Publications, Inc.; 2011.

(2) Tan C-M. *Search Inside Yourself: The Secret to Unbreakable Concentration, Complete Relaxation and Effortless Self-Control*. Australia: Harper Collins; 2013.

15.5 参考资料

[1] Kabat-Zinn J. *Full Catastrophe Living: Using the Wisdom of Your Body and Mind to Face Stress, Pain, and Illness*. New York: Bantam Books; 1990, 2013.

Goal?
Deciding on a new habit
Choose category of habit
Choose measure
FORM A HABIT
Progress + tracking
Daily tracking of habits
Plotting data
Get social support
Celebrate success - reach goal

第 16 章　群体设计技巧

为了帮你初步了解群体设计工作坊的形式，我们收集了自己与整个团队为开发更好的产品和服务而最常用的几种方法。工作坊有成百上千种形式，单是介绍这些形式，再写一本书都不成问题。这里选取的只是众多群体设计形式中的一小部分，是我们在日常设计工作中用得最多的。

引导群体设计挑战不小，颇费脑力。如果你刚开始尝试着做，可从小的设计工作着手，找创意设计组的另一名成员来当帮手，作为你强有力的后盾。在完成某些设计任务时，你就可以把群体一分为二，以便把注意力放到较少的成员身上。

16.1 邀请多少人

对于所有群体设计工作坊，都要考虑邀请多少人合适，确保空间足够大，方便他们参与。

从经验看，如果参与人数增加，引导群体参与设计的难度也会随之上升。一室之内，讲话的人越多，其中一人操纵局面的可能性就越大。他可能粗暴地表示与他人看法不同，拒绝参与设计过程；也可能把预先安排好的时间浪费在无关主题的争辩上。刚着手开展群体设计工作坊时，最好把人数控制在 10 人以下，等你感到游刃有余时，再增加人数不迟。

如果你对自己的引导技能胸有成竹，邀请整个项目团队参加能得到最佳效果，或至少邀请团队所涉及每个领域的核心代表——开发人员、产品负责人、项目管理人员、设计师等。如果你需要新鲜血液，可考虑将邀请范围扩大至整个公司，或请客户挑几个人加入团队。在大型机构里，注意将参与人数限定在自己可从容应对的范围内。

如果你把一群人分成几个小组，可以考虑重新调整空间，让分组更容易、更清晰。例如，为每个小组预留一张桌子，分组时鼓励他们自由结合。

16.2 预留多长时间

勇敢地为所有设计活动设定时间盒——将工作坊的召开时间和团队人数固定下来——并按计划行事。若放任不管，工作坊易沦落为循环往复的交谈，既花时间又解决不了问题。积极的时间盒能防止毫无根据的“假设分析”场景起支配作用。确保每项活动时间安排紧凑，不要让干系人觉得有时间开小差。作为工作坊的引导者，控制好时间是你的职责。

如果人数很多或工作坊很吵，考虑用有趣的方法提醒大家时间到了。吹口哨、敲锣或手机里经典游戏的声音，都是集中大家注意力的好方法。

离结束还有 5 分钟和 1 分钟时分别提醒一次。评估群体，看看他们是处于高效的流程之中，还是任务量只完成了不到 50%。如果是后者，再多给他们留出点时间。

工作坊的时长取决于群体的人数。他们分享想法要花多长时间？如果你考虑为每人分配 2 分钟分享想法，3~5 分钟的提问或讨论，就可大致估算工作坊的反馈环节需要多长时间。请记住我们讨论的很多形式适合以迭代方式进行，因此要为每轮意见分享和问答环节留出足够长的时间。

16.3 如何引导一个群体

做伟大的东道主！

提前管理预期。发送邀请函，解释工作坊会有哪些内容，希望每个参与者做什么、不要做什么。将关注点放到头脑风暴和新想法的产生上。将以下两点传递给他们非常重要：参与工作坊不需要艺术设计技巧；他们的想法不一定要达到最佳方案的水准。

食物通常能激发参与者的积极性。记得提供茶点。

16.4 工作坊内

欢迎每个参与者，简要介绍工作坊的各主要环节，将工作坊的引导权掌握在自己手中。

为工作坊设定基本规则：所有想法都是好想法；画草图与艺术表达无关，而是用来阐明观点。若有人怀疑自己“不会画图”，考虑做如下小练习引导他们：想象一下向听不懂你语言的人解释猫是什么。你能用纸和笔将你的想法表达出来吗？

设定时间盒，控制好时间，或指派在场的另一个人在活动的每一部分结束时提醒大家。

解释背景。介绍项目和收集到的其他有用信息。你可能已准备好了人物角色，或者有一个棘手的问题要解决。背景介绍部分要简短；如果可能的话，向他们展示看得见、摸得着，起提示作用的作品（例如，把人物角色贴到墙上）。对于人数较多的群体，可将活动目标投影到大屏幕上，以提醒每个成员要做些什么。

如果参与者之前没有一起工作过，可通过热身活动“破冰”。例如，请大家围着桌子依次介绍自己的名字、职位和与众不同之处。即使只有一位参与者是新加入的，这样做也会帮大家感觉到自己能够为群体做出自己的贡献。

确保工作坊内的每个人都有讲话机会。你既可以在活动过程自始至终贯彻这一原则（每个人都要写写画画、投票），也可以放慢讨论的速度，请默不作声的成员发表自己的看法。

如果话题偏离了轨道，就将新问题记录下来，在墙上辟出一块“停车区”暂时存放新问题。提议会后再讨论这个问题，因为它会将大量时间从会议的任务和重点上移开：“这一点确实很不错，但考虑到时间有限，我们会后再讨论好吗？否则，我们可能会掉入一个‘兔子洞’，脱离当前会议的议题。”

工作坊结束时，要有一个解决“停车区”问题的行动点，指明哪些人需参与其中。当棘手的“困难户”妨碍交谈的顺利进行时，也可以使用这种技巧。承认他们的观点，请他们在会后继续研究。如果这个问题的风头压过了大家在会议上提出的想法，提醒大家工作坊的基本准则：所有的想法都是好想法，我们在产生想法的过程中不作评价。

16.5 尝试新形式

如果你有兴趣探索不同的设计活动，我们建议你阅读 Dave Gray、Sunni Brown 和 James Macanufo 所写的 *Gamestorming* 一书[1]，这本书是个不错的出发点。

电梯演讲

电梯演讲指用一句话叙述产品或服务独特的价值主张，目的是在 30 秒时间内介绍产品目标。电梯演讲旨在利用乘坐电梯所花的时间表达清楚一个概念（见图 16-1）。

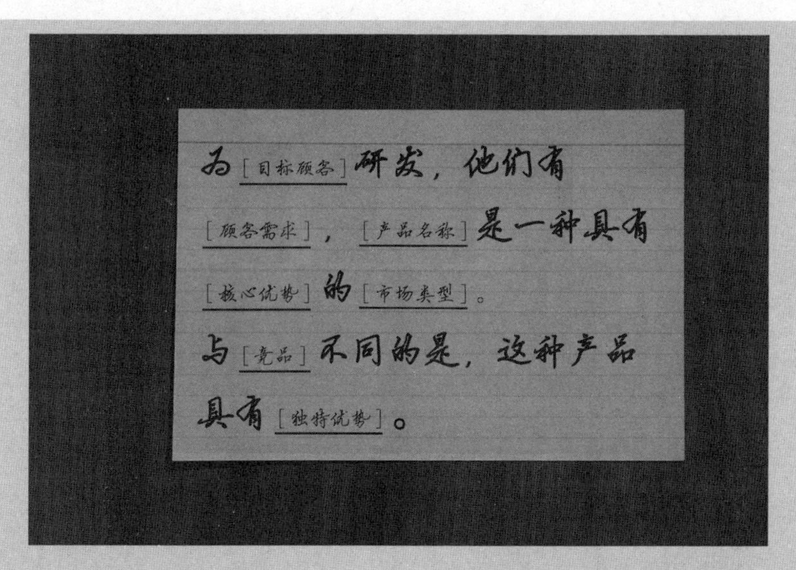

图 16-1 如何组织电梯演讲（版权所有：Martina Hodges-Schell）

最适合于

关注产品或服务的价值主张。

参与者

整个团队均可参与。

时间

45 分钟。

资源

工作坊内捕捉想法的几种方法——白板或画板。

便于大家集中注意力的房间，有足够的空间供大家尽情讨论。

房间最好有门，便于开展热烈的讨论，同时将工作场所的喧嚣挡在门外，帮大家集中精力。

电梯演讲的大纲可以是："为［目标顾客］研发，他们有［顾客需求］，［产品名称］是一种具有［核心优势］的［市场类型］。与［竞品］不同的是，这种产品具有［独特优势］。"

练习

解释电梯演讲这一概念。将大纲置于工作坊内大家能看到的地方（投影或写在墙上）。浏览一遍大纲中需要填写的地方，共同探讨用什么词来描述服务最合适。在群体表示认可之前，做好多次调整描述的准备。

结果

大纲是产品或服务在设计和评估环节的指导原则。

商业模式画布

商业模式画布是由 Alex Osterwalder[2]发明的，用来帮助成熟的公司和创业公司创建更好的业务结构。它将商业模式的 9 个核心元素及其相互关系用一张纸表现出来。这种工具以可视化形式展示了产品是如何为业务和用户创造价值的，使大家就如何交付这种价值形成共识（见图 16-2）。

图 16-2 商业模式画布，©Alex Osterwalder（版权所有：Martina Hodges-Schell）

最适合于

揭示交付出色用户体验所需的所有元素，突出核心业务元素和用户体验元素之间的关系；这可对设计师和其他干系人起到启迪作用。当然，也非常适合引导大家讨论需要什么才能交付出色的户体验。

参与者

业务人员、技术人员和设计师共同参与。

时间

90分钟。

资源

- ❑ 用大幅白纸打印、或在白板上绘制商业模式画布
- ❑ 白板笔
- ❑ 便签纸

练习

向团队介绍商业模式画布。逐一介绍每个部分，解释其涵盖的信息。

- ❑ 客户细分
- ❑ 价值主张
- ❑ 渠道
- ❑ 客户关系
- ❑ 收入来源
- ❑ 核心资源
- ❑ 关键业务
- ❑ 重要合作
- ❑ 成本结构

让团队填写各部分内容，并一起确定各部分的优先级。把所有部分综合起来对业务或用户来说是否行得通？我们能否为业务和用户创造价值？它跟我们的理念是否一致？哪些地方是空白？有什么还没考虑到？

结果

一组待调查或待检验的关键假设。

一组对于交付服务很重要但还没有考虑到的关键领域。

设计包装盒

有时难以做出决策。为你的产品设计一个概念性包装盒，可让团队关注正确的方向。

你可以利用每个团队设计的所有盒子来激发灵感，也可以利用这项活动建立共识，在每个团队尝试设计自己的版本之后一起制作一个盒子（见图 16-3）。

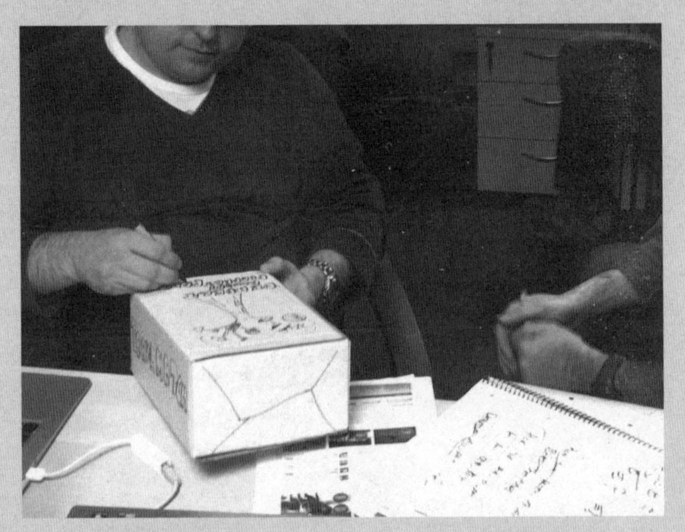

图 16-3 为你的产品做一个包装盒，想想它怎样才能在货架上脱颖而出（版权所有：Martina Hodges-Schell）

最适合于

让团队将注意力放到重要的事情上。

参与者

至少 3~4 人。

时间

45 分钟。

资源

- 普通的包装盒（最佳选择是从办公用品商店购买，很便宜。你也可以将白纸、甚至便签纸贴在旧麦片盒的表面做一个盒子，但后者不太容易让参与者认识到真实的包装有哪些限制。）

- ❑ 不同颜色的马克笔
- ❑ 破冰视频（这段拍摄于2006年的经典视频设想了微软会怎样重新设计iPod的包装。它非常适合帮助大家快速入门包装设计，并且了解这项活动的注意事项！视频地址：https://www.youtube.com/watch?v=EUXnJraKM3k [访问日期：2014.12.18]。）

练习

将群体分为几个小组，并为其分配任务，每组都要设计你们所创建产品或服务的外包装。什么关键信息会让顾客购买它？什么会帮助他们做决策？你应该怎样让他们放心？

给每个团队15分钟设计时间，再给他们3分钟时间来分享其创作。如果结果出入很大，可在最后让所有团队一起创作一个盒子，将每个人认为重要的元素都加入进去。

结果

大家对设计中的产品元素优先级有了更清楚的认识，对产品更为专注。

角色扮演，体验服务

最适合于

无论是设计简单的用户界面还是复杂的服务主张（service proposition），动笔将其画到纸上之前，扮演用户跟界面或服务之间进行可能的交互非常有助于加深认识。在角色扮演过程中，你有机会探索用户和服务之间自然的会话流，甚至评估不同背景中的设备和输入。

探索一项体验对用户来说应该或可以是什么样子，向团队灌输以用户为中心的观念，尤其是在大量以系统为中心的“思想家”推动决策的时候更要这样做。

参与者

多多益善。

时间

1小时。

资源

带摄像功能的手机，用来拍摄角色扮演过程。如果没有，就记录下你产生的一切想法。

练习

参与者两人一组，或者让小组人数与系统内的角色数量相同。一人或多人（系统角色数量）扮演用户角色，另一个人扮演系统自身，如登录流程。每一组都要表演用户怎样跟系统进行交互（见图 16-4）。

图 16-4 以角色扮演了解用户如何体验你的服务（版权所有：James O'Brien）

角色扮演既可以采用开放式，也可以采用封闭式。在开放式角色扮演中，扮演系统的人可自由选择响应方式，推动交互的自然发展。在系统设计初期，这样做非常有帮助。在封闭式角色扮演中，扮演系统的人只能使用用户已知的信息进行响应（例如，表单中的错误信息）。这种方式可用来识别潜在的可用性陷阱。

结果

捕捉想法以待进一步探究。

体验地图

最适合于

体验地图非常适合总览用户的服务体验生命周期中的各个阶段、各个接触点。它有助于你从顾客的角度探索整个服务流程的痛点以及日后的改进方向。

根据用户怎样体验你的服务，创建所有接触点的分布图（见图 16-5）。让大家对服务的现状形成集体观点，并将其跟你希望用户将来拥有的体验对应起来。

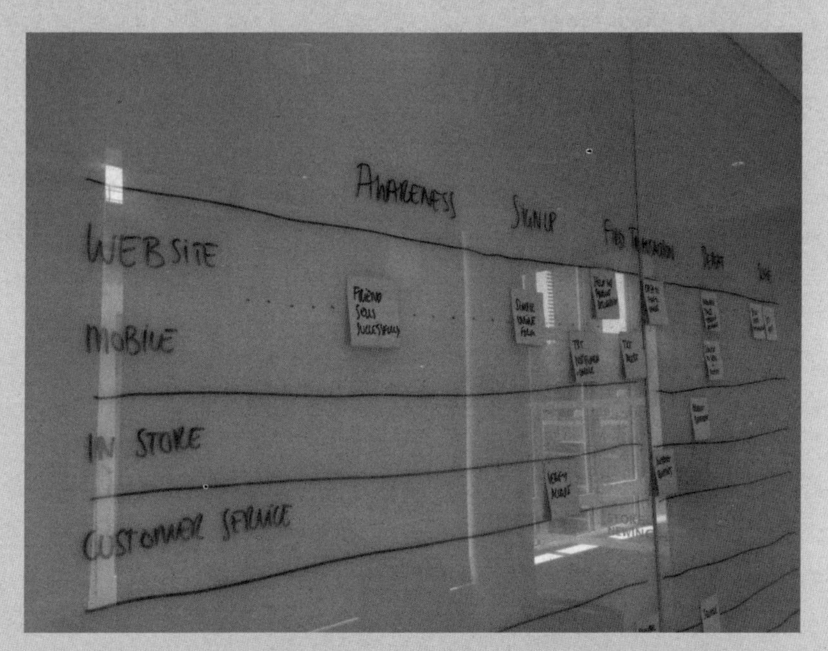

图 16-5 绘制用户旅程和服务接触点中体验的地图（版权所有：Martina Hodges-Schell）

参与者

3~12 人；多于 12 人的团队臃肿，不好开展活动。

时间

90 分钟。

资源

- 一卷棕色牛皮纸
- 大量便签纸
- 马克笔

练习

将牛皮纸贴在墙上。沿 x 轴将其划分为生命周期的几个阶段，沿 y 轴将其划分为不同的渠道。请团队帮你整合其全貌。

- 如果你的目标是让大家理解当前整个生态系统中正在发生的事情，让每个人把接触点写到便签纸上并贴到图中。
- 如果你的目标是构思一种新的体验，让团队画出各个接触点之间的最佳体验地图。鼓励他们从用户的角度考虑体验，而不是从当前业务或技术的限制方面来考虑。

结果

高屋建瓴地总览顾客是如何体验服务的。为整个系统中高风险或高价值的工作流赋予更高的优先级，以待深入探究。

故事板场景

最适合于

故事板是从电影制片业借鉴而来的一种视觉技术，用于探索用户场景的叙事方法。它阐明了用户背景，以及用户以为什么、在哪里、以什么方式与服务交互。故事板帮我们确定用户可能会做什么，以及应该怎样助其实现目标。

故事板阐明了你的产品怎样满足用户想实现的目标。

从故事板场景可推导出以用户为中心的工作流，便于大家形成共识。

按照用户旅程设计作品，而不是逐页设计。

参与者

不论人数多少，效果均相同。将群体划分为3~5人的小团队。

时间

30分钟（大型场景加倍）。

资源

- 打印的故事板模板
- 马克笔
- 记点投票（圆形小便签纸最好，也可以用马克笔画点）
- 将绘有想法的便签纸贴到墙上所需的空间和相关用品
- 打印或手绘的人物角色

练习

向群体介绍人物角色。重点介绍难点和目标。请每个团队挑选一个场景来处理。提供马克笔和一叠故事板模板，请他们画出用户实现目标的方式，以及他们的想法怎样融入用户的生活方式（见图 16-6）。

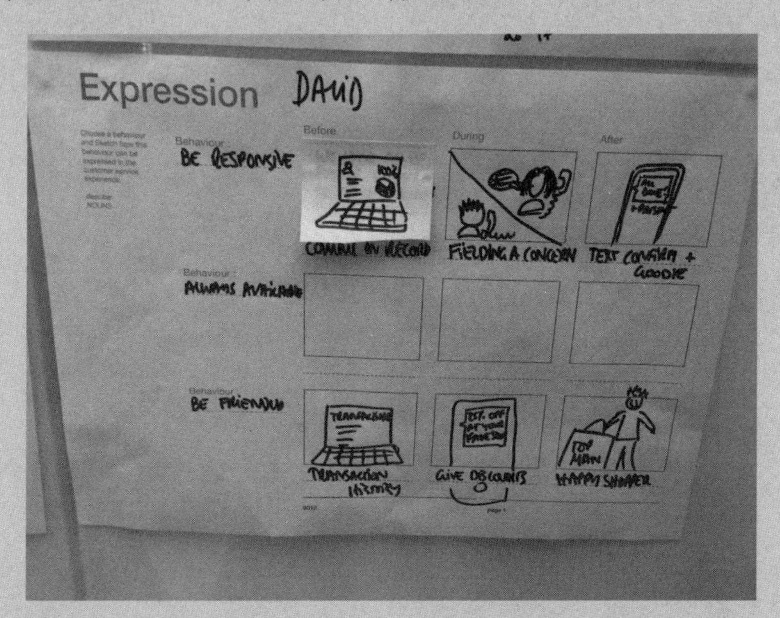

图 16-6 为用户场景创作故事板（版权所有：Martina Hodges-Schell）

为每个团队留出分享故事板的时间。投票选出将进一步探讨的想法。

结果

设计工作流中各个步骤而非逐页设计系统的不错出发点。

着眼整个用户旅程，生成可立即投入测试的原型。

设计工作室

最适合于

设计工作室是一种协同构思工作坊，旨在短时间内探索设计难题，产生很多新想法。小型团队以快速迭代的方式画草图、做展示、批评和改进想法（见图 16-7）。

这种方式能产生大量想法，团队每个人（和/或用户）在设计过程都能建言献策。它还能赢得非创意工作干系人对设计难题的同理心。

图 16-7 在设计工作室里产生新想法（版权所有：James O'Brien）

参与者

至少 3~4 人；多于 6 人则分成小组。邀请你的整个团队参加。用户也可以参加。

时间

90 分钟。人数较多，可增加时间。

资源

- ❑ 为每个参与者提供几张 6 格（6-up）绘图模板
- ❑ 为每个参与者提供几张独格（1-up）绘图模板
- ❑ 马克笔
- ❑ 记点投票（圆形小便签纸最好，也可以用马克笔画点）
- ❑ 将绘有想法的便签纸贴到墙上所需的空间和相关用品
- ❑ 打印或手绘的人物角色

练习

(1) 宣布目标

将工作坊基调定为探索（可能是全新的平台、服务、产品或功能）。介绍为谁（你设计的人物角色）开发，已确定了哪些主题（例如，新型搜索和工作流）。

此外，如果你想收集有待探索的主题，可向群体征集。（例如，“产品×的研发工作刚刚起步。我们想听听你们最关心的事项”。）

(2) 6格绘图

请每人选一个他们想解决的问题。要求他们快速想出6种解决方法。完成第一个主题之后，可以用相同方法处理第二或第三个主题，从而产生大量想法。该阶段严格限定时间，迫使参与者不把过多精力放到不相干的细节上，有助于他们发挥创意。

要求每个人快速介绍自己的想法，从中识别出前景最好的那个。

(3) 独格绘图

找到前景最好的想法之后，用一页纸将其画出来，更深入、更透彻地思考一遍。

仍旧与群体分享想法，将所有想法都贴到墙上。

(4) 记点投票

用记点投票的方式，发动团队找出有待进一步探讨的想法。

结果

得到一组激发设计过程中灵感的想法，与用户一起快速测试看似前景不错的想法，验证这些早期的假设。

人物角色的情绪板

团队不认同以用户为中心的观念？为服务涉及的每个人物角色制作情绪板；也就是说，通过人物角色而不是团队成员的视角看问题（见图16-8）。

最适合于

促使团队采纳以用户为中心的观念。

参与者

最多12人。你需要大量空间，方便每个参与者制作情绪板。

时间

60~90分钟。

图 16-8 利用情绪板从人物角色的角度看待世界（版权所有：Martina Hodges-Schell）

资源

- ❑ 几张大纸板或画板（参与者要为每个人物角色绘制海报大小的情绪板）
- ❑ 剪刀
- ❑ 各式各样的杂志，以便从中裁剪需要的图
- ❑ 胶水
- ❑ 打印的人物角色

练习

将人物角色带到会议上来，并向群体介绍。让每人挑一个角色制作情绪板，或分组制作不同人物角色的情绪版。

要求他们制作能够反映人物角色的情绪板。接着，让他们根据自认为人物角色希望从产品或服务中获得什么，再做一块情绪板。

在会议的最后 15 分钟，请每个人分享作品，并给予反馈。

结果

可以在团队工作空间里张贴的海报。它能提醒团队用户的期望是什么。

验证假设

最适合于

精益创业教导我们要让用户验证我们的假设。我们的想法是一系列假设，而验证假设意味着设计实验，让它清晰地解答我们的想法能否对用户产生期望的效果。

测试想法。找到评估假设的快速、简单的方法。

参与者

人数多少都可以。6人及以上，则分成小组。

时间

取决于想法的数量，约2小时。因为要动手设计，可适当留出余地。

资源

- 白墙
- 纸张
- 马克笔
- 便签纸
- 电脑（可选），用于制作低保真原型[3]

练习

要求每个团队思考如何测试你当前针对产品的一个假设，并给出他们的想法。

要求群体考虑：哪个假设的风险最大？怎样测试耗费的时间和资源最少？从哪里寻找参与者？

让群体施展创造力。鼓励他们利用现有工具，关注细节。我们到底需要制作东西吗？

动手愉快（见图16-9）。

结果

一组大家认可、能用真实用户进行测试的假设，为产品研发、迭代或调整提供宝贵信息。

图 16-9 快速制作原型，用于验证假设（版权所有：Martina Hodges-Schell）

项目回顾

项目回顾属于团队会议，它回顾项目里最近发生的事情，不进行指责，而是尝试发现需要吸取哪些教训、采取什么行动以及怎样有效改进下一轮迭代的团队工作（见图 16-10）。

图 16-10 评选出好、中、差（版权所有：Martina Hodges-Schell）

我们建议你把项目回顾加入工作流，每周（或每个冲刺）一次。有些团队只在项目收尾阶段安排项目回顾会议，但以我们的经验来看，这往往会占用很长时间或关注面非常有限，而且学习到的经验教训只能用于下一个项目。

大扫除，定期重复打扫！项目回顾有助于你和团队将工作环境打扫得更干净。项目回顾这个名字看似是在项目结束后对其分析，但每周一次效果更佳。早发现问题更易于解决，并且团队可定期得到表扬，便于排除不良情绪。

最适合于

对工作过程和结果进行评审；就项目进展、个人表现、哪些方面进展不错和哪些问题需要解决收集反馈的会议。

参与者

参与项目的每个人。不要将任何人排除在外，也不允许他们将自己排除在外，这一点很重要——如有人太忙，没时间参加项目回顾，这本身就是项目回顾会议应该解决的问题。

时间

大约 1 小时（若在项目开展过程中定期安排回顾会议，那么每次所需时间较少，而且负面情绪来不及累积。）

资源

- ❑ 为每个人准备便签纸
- ❑ 马克笔
- ❑（在墙上分类）

练习

首先，鼓励人人积极参与项目回顾会议。让每个人大声跟读回顾的基本准则：

“不论发现什么，我们都理解并且真正相信，鉴于当前掌握的知识、技术、能力、可用资源以及所处的环境，每个人的工作都做到了最好。”

大声说出来确实能起到意想不到的效果——它将回顾的语气由可能的相互指责转换为发现和学习。

留出 10 分钟时间，让大家将其认为“好”“一般”和“不太好”的方面分别写到便签纸上。

按类别将它们贴在墙上。

带头依次从每个类别挑一点和大家讨论。（可用记点投票方法排好优先级。）

记录经讨论确定要做的行动点，为每个行动点指定负责人。活动结束后，他们将完善行动点，下次项目回顾时再进行评价。

结果

关键问题的行动点会影响团队的速度。（下次项目回顾时，要审查这些行动点，或在下个项目的起步阶段实现它们。）

16.6 如何安排优先级

要求团队为其给出的想法安排优先级很重要，以便把主要精力放到最有可能成功的想法上。合理安排决策过程，确保决策更加客观。

16.7 记点投票

记点投票是一种简单、有效的投票方式，大小群体均适用。把要讨论的每项内容写到便签纸上。为每个参与者发 3 张圆形便签纸（点）作为选票，请他们将手中的点贴到最喜欢的那项内容下面（见图 16-11）。

图 16-11 记点投票可快速、有效地安排优先级（版权所有：Martina Hodges-Schell）

参与者可以为其喜欢的每个想法贴一个点，也可以指出最具风险的假设，还可以为每个想法贴多个点。关于如何投票，可灵活决定。

如果你将自己的想法讲给大家听，而没有写下来贴到墙上，用几块巧克力作为选票既有趣也很有效（但别忘了对着桌子拍张照片，因为会议结束时“选票”会消失）。如果你找不到圆形便签纸，用马克笔画点也行。

16.8 优先级矩阵

你还可以请团队用 2×2 的网格组织他们的想法。你可以指定坐标轴表示目标，例如跟用户的相关性和实现的难易程度。网格可分为 4 部分：**容易且用户价值高**、**困难且用户价值高**、**容易且用户价值低**、**困难且用户价值低**。

用这种方式表示优先级有助于群体理解他们所选功能的内涵，并将注意力放到更有价值的想法上。无论是嗓门最高者还是工资最高者的“玩具项目”都可以放到优先级网格中进行检验。

16.9 补充资料

(1) Sherwin D，《创意工场：提升设计技巧的 80 个挑战》，济南：山东画报出版社，2012。

16.10 参考资料

[1] Gray D, Brown S, Macanufo J，《Gamestorming：创新、变革&非凡思维训练》，北京：清华大学出版社，2012。
[2] Osterwalder A, Pigneur Y，《商业模式新生代》，北京：机械工业出版社，2011。
[3] Warfel, TZ，《原型设计：实践者指南》，北京：清华大学出版社，2012。

结 束 语

我们希望这本书中的工具能让你在工作中更快乐、更具效率和创意。研究和写作反模式无疑改变了我们看待自己工作关系的方式——我们发现这能帮助我们鼓励团队密切合作，消除跟同事之间的紧张关系。

我们想听到你的心声

我们认为，工作场所行为方面的很多反模式还尚待发现。限于本书篇幅，我们无法探讨更多的反模式和模式。我们希望激发其他富于创意的专业人士来探索这个领域。在我们看来，寻找更好的工作模式往往是实现优秀设计的关键。

我们为探讨和分享模式和反模式开发了一个网站。热切期望听到你的相关经验和发现：http://www.design-antipatterns.com/。

你还可以在 Twitter 上通过@13antipatterns 或发带有话题#13antipatterns 的消息联系我们。

玩玩这个游戏

为了辅助解释和探讨书中的一些概念，我们按照产品设计过程创作了一个有趣的卡牌游戏。我们曾在会议和工作坊上玩过该游戏，发现最合适 4~6 人玩。

你可以从 http://www. design-antipatterns.com/下载卡牌（见图 A-1）和游戏规则。祝你玩得开心！

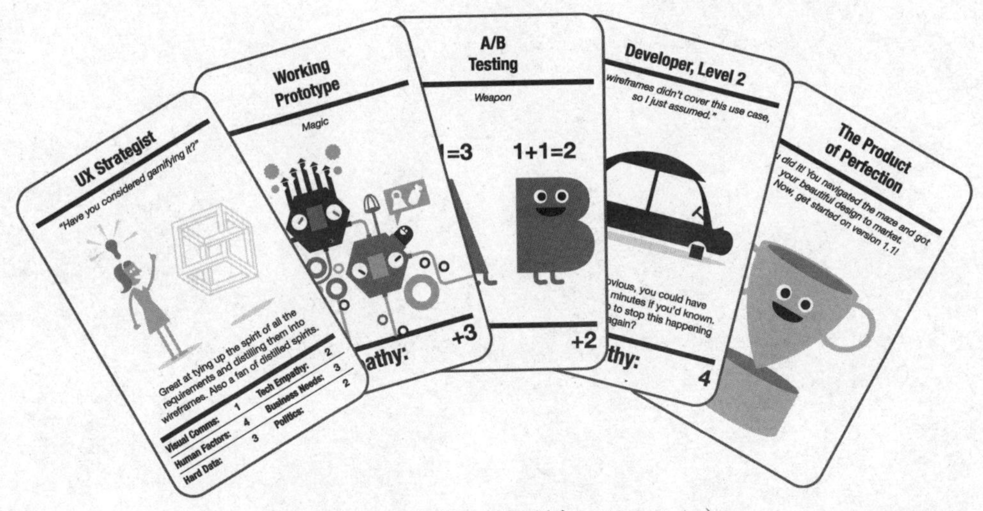

图 A-1　一组卡牌（版权所有：Chris Rain）

行动起来，把卓越的设计带给世界

用户体验是创造快乐的技艺。我们对工作的感受来源于我们和同事之间的关系。如果你利用从本书学到的内容，让用户和同事感到快乐，那么与此同时，你就是在让自己更快乐！你更快乐，你的工作就越出色。我们迫不及待地希望看到你的作品。

术 语 表

术　语	章	定　义
“5美元词语”效应	1	人们将更多注意力放到响亮的行话而不是其通俗表述上
办公室的喧嚣	5	开放式办公区域的小声交谈，是协同式软件开发的一个特点
保真程度	8	在交付成果上花费多少工夫
被访者疲劳	11	人们厌烦了回答问题而闷闷不乐的一种心理反应
背景：	4	
• 设计~	4	影响设计的周边因素
• ~失衡	4	设计师持续从事设计工作，而干系人隔三差五才在评审会上看到设计作品，双方在理解上存在不同
猜术语宾戈游戏	6	带挖苦意味的游戏，玩家监控会议或展示中是否使用了行话或华而不实的时髦词语
沉没成本	12	一种不理智的偏见，虽然项目没有产生预期效果，但仍为其投入更多的资金/精力，只因为之前进行过投入
成为解答“为什么”的权威	3	产品团队中能够解释迄今为止所有决策缘由的人
重塑反馈	4	理解解决方案反馈背后的用意是什么，并将其表述为行动方案
代码：		
• ~素养	8	对软件代码的基本理解和阅读能力
• ~质量	7	衡量为适应变化而改动产品代码的容易程度
导航	1	用户使用网站时按照该机制找到浏览路线
地图：		
• 故事~	4	将产品的功能组织为带有主题性质的用户故事，并将其跟产品开发阶段对应起来
• 情感~	1和4	让顾客产生共鸣的工具，将产品和他们的所见、所想、所说/做和所闻联系起来；描述他们的痛点和收益
• 体验~	4	类似于服务蓝图；描述用户经过各个接触点实现一组目标的用户旅程
• 网站~	4	产品信息架构的可视化表示，展示从各处可找到什么信息

（续）

术　　语	章	定　　义
迭代	1 和 14	根据反馈，通过重复改进、测试和调整来改善解决方案的过程
定性用户研究	8	为了更好地理解用户行为、根本原因和背景而设计的研究
反模式	1	看似能达到预期结果，实则得到相反结果的习惯或过程
丰田	13	日本汽车制造商，精益生产的拓荒者；是以精益创业方式实现软件开发这一灵感的源头
丰田佐吉	13	日本发明家、工业家，丰田公司的创始人
服务蓝图	6	在顾客生命周期中，将顾客目标和接触点交互、支持性服务联系起来的作品
服务设计	0	在实体和数字接触点上创建整体性顾客体验的实践，由于接触点分布范围广，会涉及不同的人员和过程
干系人	1	项目的任意参与者或贡献者
功能语法	10	在软件开发领域指用于详细说明不同功能、大家都认可的一组术语
工作说明	6	一种正式文档，公司和客户在其中就工作内容、时间范围和成本达成共识
顾客：		
• ~生命周期	4	顾客跟产品或公司打交道的整个生命周期，其参与过程呈现周期性规律，始于为满足某一需求而通过搜索找到产品，并延续到使用产品后进行的相关活动
• ~体验	13	总括顾客跟公司或产品之间的所有交互
关键业绩指标（KPI）	2	公司为评价员工是否有效实现了重要业务目标而考核的价值和指标
关联映射	1	按照不同的主题分组
规划者和执行者	7	两种不同类型的团队成员，他们的做事方式会引发冲突
换种方式重述	11	重复别人的讲话内容，但要更换措辞，让自己的阐述更清楚
回顾的基本准则	3	认可这种观点："不论发现什么，我们都理解并且真正相信，鉴于当前掌握的知识、技术、能力、可用资源以及所处的环境，每个人的工作都做到了最好。"
会讲故事的黑猩猩	4	将人类归于该类比归到智人类更准确
会议：		
• 启动~	1	产品开发过程之初的会议，用来界定问题，确定组织将要采取的方法
• 正式会议后的~	1	会议正式结束，但参会人员在散场时仍有联系
• 正式会议前的~	1	已安排好参会人员，但正式会议还没有开始的这段时间
机构	1	为其他组织提供服务的公司（例如，研究和设计服务。也可见术语"咨询机构"）
积极倾听	12	向讲话人传递表示注意力集中的非言语信号，表明积极参与
积极确认	4	重述你听到的话，以表明或证实你理解正确

（续）

术语	章	定义
技能仓库	7	大型机构的垂直分割方法，往往会增加协作和交流方面的难度
技术债务	7和10	开发团队为完成某项功能的发版而采用的快速、折中方案；如不解决，将影响日后开发
架构模式	5	设计产品时常见需求的通用、重复性解决方案
价值主张	7	产品许诺为用户带来的好处
交付成果	1和7	在产品设计过程中，用户体验设计师创造的资产
交互设计	1	关注用户和产品之间如何交互的设计领域
结对	4	两个有相似或不同技能的人在同一时间坐在一起为同一任务工作
精益	1	源自丰田公司的生产理念，关注通过减少浪费（任何不与创造顾客价值直接相关的资源使用）为顾客创造价值
精益创业	5	一种基于顾客反馈验证假设和通过迭代进行改善，从而开发成功业务和产品的方法
开发部门/开发人员	1	用代码实现设计的人
看板	10	一种自组织工作流工具，可把“需要做”“正在做”“待评审”和“已完成”几个类别写上去；团队成员将工作移到合适的类别下，便于大家了解当前正在做的工作都有哪些
可用性	0	产品或服务易于使用和学习
可用性测试	8	测试设计概念或真实数字产品的可用性，了解人们是否理解并能用它轻松完成自己的目标；一种研究形式，通常邀请单个（期望的）目标用户，开展一系列一对一的定性研究会议
可持续的步调	10	可以长期坚持的工作节奏和工作时长
可持续响应同事造访	5	积极鼓励团队其他成员随时向你寻求输入
客套话	12	虽不太真实，但社会群体为保住成员的名誉而采用的说法
脸谱	3	一种表明你正在以极其严肃的态度对待当前情况的表情
路线图	10	列有产品未来开发目标以及实现每项目标起止时间的文档
乱数假文	8	用调整过顺序的拉丁文文本作为填充文本，常用于在真实文本还不清楚的情况下模拟真实文本
敏捷	1	一种软件开发理念，推崇自我组织、跨职能团队、可行代码胜过完备文档，以及持续改进和灵活、快速响应变化
模式	1	对于常见问题重复使用的解决方案；例如，用户名和密码是安全访问一项服务的常用解决方案
品牌	13	将公司产品与其他公司产品区分开来的名称和（视觉）特性
平衡团队	5和13	由实干家组成的协作式、跨专业团队，拥有完整的产品团队技能
Ron Jeffries的3C原则	7	故事卡、交谈和确认事项——以用户故事的形式将需求写到卡片上；提醒团队围绕需求有过哪些交谈；确认需求是否得到满足很有必要

（续）

术 语	章	定 义
人物角色	1	一部分用户的原型，用来清楚地定义产品的目标用户，便于向整个团队传递研究心得；一种跟团队交流和做决策的工具，以用户为中心
认知疲劳	1 和 11	由于刺激超出负荷，大脑处理新想法的能力或意愿下降
商业模式画布		Alex Osterwalder 发明的一种工具，是一种超越商业计划书的商业模型探索方法
上游	7	发生在主过程之前的任意过程
设计：	1	解决问题的过程
● 共同~	8	两名或更多成员一起工作制作解决方案
● ~工作室	8	由设计师主导的迭代式工作坊，鼓励所有团队成员而不只是设计师提供输入
● ~师	1	通过定义产品来解决问题的人
生产率	10	开发团队在一个敏捷开发冲刺内所能交付的故事点数量
视觉稿	1	对最终产品模样的猜测，通常用 Photoshop（或类似的视觉设计软件）制作
实现	7	产品开发过程中按照想法生产出可交付产品的阶段
特征蔓延	10	开发过程中团队成员提议增加新功能的自然趋势；如管理不当，将扩展产品功能范围，增加计划之外的功能
疼痛的大拇指悖论	3	指满足干系人需求的方案是以牺牲用户体验为代价的，就像疼痛的大拇指偏要伸出来
体验规则	4	高屋建瓴地定义产品行为的一组指导方针
体验景观	6	用户体验产品时所处的背景；可能包括局部竞争者和其他数字体验，能给出用户预期的相关信息
通用翻译机	1	电影《星际迷航》中能将任意语言翻译为其他语言的一种设备
投资回报率	1	公司为获得收益而进行的投入与收益之间的比率；例如，如果投入 1 美元做广告，从广告带动的销售中获得 4 美元收益，那么投资回报率就是 4 : 1
五个为什么	13	丰田公司发明的方法，用于找出事件背后的根本原因
下游	7	发生在主要过程之后的过程
线框图	1	页面或功能的信息架构和交互设计的视觉表达
项目回顾	16	一种回顾近况的会议形式，不进行指责，而是试着去发现可以从中吸取的教训，以便日后取得更大的进步
协作	12	通常是跨领域、跨机构的团队合作，为同一个目标努力
信息架构	1	整个产品的内容结构，帮助顾客浏览、轻松发现所需内容
心智模型	10	用户为了弄清楚事物的运行方式而做出的感知上的解释
行为驱动设计（BDD）	7	根据功能要满足的需求和实现效果来确定软件功能的方法

（续）

术　语	章	定　义
业务：		
• ~分析	1	通过研究识别业务需求，寻找解决业务挑战的解决方案和机会
• ~行话	1	某领域（并且常常是某机构特有）的词汇，旨在更有效地就专业性主题进行交流
• ~价值	1和12	成功实现一项功能，使公司得到资金或其他方面的收益
• ~剧	12	有选择性地放大所选人际交互，以便传达好感、共同的目的和让整个团队更好的愿望
宜家效应	12	人们倾向于为自己创造的东西赋予更高价值的心理反应
印证式倾听	11	听别人讲话时，让他们知道你集中了注意力
营销语	13	和logo一起出现的一个简短句子
用户：		使用某一产品或服务的人
• ~故事	7	将软件产品需求拆分为若干小块，从软件用户的角度呈现，清晰地指出用户应能完成什么任务："作为团队管理人员，我需要批准大家的休假申请。"
• ~界面设计	0	请见"设计"
• ~旅程	1	描述用户完成一项任务需要哪些步骤
• ~守护者	13	在组织中引导大家关注用户需求和目标的人，提倡以用户为中心的产品设计理念
• ~体验生命周期	7	请见"顾客生命周期"
• ~研究	8	研究产品的（目标）用户，通常为一对一的访谈，为产品开发提供宝贵信息并起验证作用
用户体验：	0	数字产品和服务设计的新兴领域，它将用户需求、业务目标和技术可行性整合在一起，以创建高价值和实用的数字交互
• 精益~	5	精益创业环境下的用户体验设计
• 敏捷~	5	敏捷环境下的用户体验设计
• ~策略	1	总结产品用户体验目标的战略性框架；从形成性研究中总结认识和目标，了解用户需求、业务目标和竞争格局，以创建独特的价值主张和决策框架
• ~价值	13	用户体验创造的价值
• ~设计师	0	涵盖性术语，指任何从事创建优秀用户体验的实践者；可以包括设计师、研究员、架构师、内容策略师，以及数字产品和服务领域发展起来的其他职位
• ~营	6	一种围绕用户体验的"非会议"形式，它模仿流行的BarCamp活动，鼓励所有参与者在彼此身份对等的论坛上展示个人想法
• ~债务	10	用户需求的快速、折中方案；如不解决，将影响用户体验
"游猎"干系人	1	以非正式形式研究相关背景，以更好地理解干系人及其目标和需求

（续）

术　　语	章	定　　义
有意识地内化	3	积极倾听并记笔记，以记住重要信息
原型	6	在正式生产之前，为测试想法、验证假设而快速制作的带实验性质的简化版模型
早失败，多失败	1	一种风险管理策略，认为在投入资金和时间较少的情况下失败更为有利
咨询机构	1	打入客户公司帮其调整过程和创造价值（例如，产品开发）的专业公司
最小可行产品（MVP）	10	用于发现产品和市场是否吻合的实验
争吵的代价	1	业务术语冲突导致分歧，分歧产生负面作用，导致浪费时间、减少同事的好感
专业行话	1	不同领域或业务为了更有效交流所采用的专业词汇

...aim, aspiration, dream, ...
... heart's desire, hope, ideal, lack, ...
..., *sine qua non*, want, wish

design *verb* 1. delineate, describe, draft, draw, outline, plan, sketch, trace *~noun* 2. blue-print, delineation, draft, drawing, model, out-line, plan, scheme, sketch *~verb* 3. conceive, create, fabricate, fashion, invent, originate, think up *~noun* 4. arrangement, configurati... construction, figure, form, motif, organizati... pattern, shape, style *~verb* 5. aim, contr... destine, devise, intend, make, mean, pl... project, propose, purpose, scheme, t... *~noun* 6. enterprise, plan, project, sche... scheme, undertaking 7. aim, end, goal, in... intention, meaning, object, objective, ... purport, purpose, target, view 8. *often* ... conspiracy, evil intentions, intrigue, mac... tion, plot, scheme

designate 1. call, christen, dub, entitle, ... name, nominate, style, term 2. allot, ... assign, choose, delegate, depute, ... select 3. characterize, define, denote, ... earmark, indicate, pinpoint, show, ...

designation 1. denomination, descrip... label, mark, name, title 2. ...

技术改变世界 · 阅读塑造人生

说服式设计七原则：用设计影响用户的选择

- 3个小时的阅读 = 产品设计能力大幅提升
- 教会你从用户角度思考，为影响和说服用户而设计

书号： 978-7-115-49682-9
定价： 49.00 元

简约至上：交互式设计四策略（第 2 版）

- 中文版销量100 000+册交互式设计宝典全面升级
- “删除”“组织”“隐藏”“转移”四法则，赢得产品设计和主流用
- 全彩印刷，图文并茂

书号： 978-7-115-48556-4
定价： 59.00 元

用户思维 +：好产品让用户为自己尖叫

- 颠覆以往所有产品设计观
- 好产品 = 让用户拥有成长型思维模式和持续学习能力
- 极客邦科技总裁池建强、公众号二爷鉴书出品人邱岳作序推荐
- 《结网》作者王坚、《谷歌和亚马逊如何做产品》译者刘亦舟、前
  工程师梁杰、优设网主编程远联合推荐

书号： 978-7-115-45742-4
定价： 69.00 元

站在巨人的肩上
Standing on Shoulders of Giants
TURING
图灵教育
iTuring.cn

站在巨人的肩上
Standing on Shoulders of Giants
TURING
图灵教育
iTuring.cn